EL MICROBIOMA HUMANO

CÓMO LAS BACTERIAS DEL CUERPO INFLUYEN EN NUESTRA SALUD

DAVID SANDUA

El Microbioma Humano.
© David Sandua 2024. Todos los derechos reservados.
Edición electrónica y de bolsillo.

"La investigación sobre el microbioma humano nos enseña que somos más que células humanas, somos comunidades de microorganismos en simbiosis con nosotros".

María Gloria Domínguez-Bello

ÍNDICE

I. INTRODUCCIÓN 13
    Definición del microbioma humano 13
    Importancia de la investigación sobre el microbioma 14
    Enunciado de la Tesis: Explorar el impacto de las bacterias en la salud 15

II. PERSPECTIVA HISTÓRICA DE LOS ESTUDIOS SOBRE EL MICROBIOMA 16
    Primeros descubrimientos y teorías 16
    Avances en la investigación microbiana 17
    El cambio hacia el análisis del microbioma 18

III. COMPOSICIÓN DEL MICROBIOMA HUMANO 19
    Tipos de microorganismos presentes 19
    Variabilidad en diferentes localizaciones corporales 20
    Factores que influyen en la composición del microbioma 21

IV. METODOLOGÍAS PARA ESTUDIAR EL MICROBIOMA 23
    Tecnologías de secuenciación del ADN 23
    Metagenómica y Bioinformática 24
    Retos de la investigación sobre el microbioma 25

V. MICROBIOMA INTESTINAL Y SALUD DIGESTIVA 26
    Papel en la digestión y la absorción de nutrientes 26
    Influencia en las enfermedades gastrointestinales 27
    Probióticos y salud intestinal 28

VI. INTERACCIÓN ENTRE MICROBIOMA Y SISTEMA INMUNITARIO 29
    Desarrollo del sistema inmunitario 29
    El papel del microbioma en la modulación inmunitaria 30
    Impacto en las enfermedades autoinmunes 31

VII. MICROBIOMA DE LA PIEL 33
    Composición y función 33
    Relación con las afecciones cutáneas 34
    Enfoques terapéuticos para la salud de la piel 35

VIII. MICROBIOMA ORAL 36
    La composición y su entorno único 36
    Enlace a Enfermedades bucodentales 37
    Medidas preventivas y salud bucodental 38

IX. MICROBIOMA RESPIRATORIO 39
    Comunidades microbianas en el tracto respiratorio 39
    Impacto en la salud respiratoria 40
    Direcciones futuras en la investigación del microbioma respiratorio 41

X. MICROBIOMA UROGENITAL 42
    Composición e implicaciones para la salud 42
    Influencia en la salud reproductiva 43
    Estrategias para controlar la salud urogenital 44

XI. MICROBIOMA Y SÍNDROME METABÓLICO 45
    Influencia en la obesidad y la diabetes 45
    Mecanismos que relacionan el microbioma con el metabolismo 46
    Estrategias de intervención 47

XII. MICROBIOMA Y SALUD CARDIOVASCULAR 48

 Impacto en las enfermedades cardiacas 48
 Mecanismos de influencia 49
 Potencial de las intervenciones terapéuticas 50

XIII. MICROBIOMA Y SALUD MENTAL 51
 Concepto del eje intestino-cerebro 51
 El papel del microbioma en los trastornos mentales 52
 Probióticos y tratamientos de salud mental 53

XIV. MICROBIOMA Y CÁNCER 54
 Influencia en el desarrollo del cáncer 54
 El microbioma como herramienta de diagnóstico 55
 Terapias dirigidas al microbioma 56

XV. MICROBIOMA Y ENVEJECIMIENTO 57
 Cambios en el microbioma a lo largo de la vida 57
 Impacto en las enfermedades relacionadas con la edad 58
 Posibles intervenciones para promover un envejecimiento saludable 59

XVI. MICROBIOMA PEDIÁTRICO Y DESARROLLO 61
 Establecimiento del microbioma en la infancia 61
 Impacto en el desarrollo y la salud infantil 62
 Estrategias para optimizar la salud pediátrica 63

XVII. DIETA Y MICROBIOMA 64
 Efectos de las elecciones alimentarias 64
 Modulación del microbioma basada en la dieta 65
 Recomendaciones para dietas respetuosas con el microbioma 66

XVIII. ANTIBIÓTICOS Y MICROBIOMA 67
 Impacto del uso de antibióticos 67
 Estrategias para mitigar los efectos negativos 68
 Futuro de las políticas antibióticas 69

XIX. TRASPLANTE DE MICROBIOTA FECAL 70
 Principios y procedimientos 70
 Aplicaciones clínicas 71
 Consideraciones éticas y normativas 72

XX. CONSIDERACIONES ÉTICAS EN LA INVESTIGACIÓN DEL MICROBIOMA 73
 Privacidad y gestión de datos 73
 Consentimiento y participación 74
 Implicaciones de la manipulación del microbioma 75

XXI. SENSIBILIZACIÓN Y EDUCACIÓN DEL PÚBLICO SOBRE EL MICROBIOMA 76
 Niveles actuales de conocimiento público 76
 Importancia de educar al público 77
 Estrategias para una comunicación eficaz 78

XXII. RETOS NORMATIVOS EN LA INVESTIGACIÓN DEL MICROBIOMA 79
 Panorama del panorama normativo 79
 Retos en la normalización de protocolos 80
 Orientaciones futuras de la reglamentación 81

XXIII. VARIACIONES GLOBALES EN LOS MICROBIOMAS HUMANOS 83
 Diferencias geográficas y culturales 83
 Implicaciones para la salud mundial 84
 Estrategias para la investigación transcultural 85

XXIV. EL PAPEL DE LA GENÉTICA EN EL MICROBIOMA 86
 Influencias genéticas en la composición del microbioma 86

Enfoques de medicina personalizada 87
Futuras líneas de investigación en genómica y microbiomas 88

XXV. Innovaciones tecnológicas en la investigación del microbioma 89
Nuevas herramientas y técnicas 89
Impacto en la eficacia y precisión de la investigación 90
Futuras tendencias tecnológicas 91

XXVI. Futuros potenciales terapéuticos del microbioma 93
Técnicas terapéuticas emergentes 93
Retos en la aplicación terapéutica 94
Predicciones para futuras terapias 95

XXVII. Microbioma y medicina personalizada 96
Adaptar los tratamientos en función del microbioma 96
Retos en la aplicación de enfoques personalizados 97
El futuro de la medicina personalizada y el microbioma 98

XXVIII. Microbioma en modelos no humanos 99
Estudios sobre el microbioma animal 99
Consideraciones éticas en los estudios con animales 101

XXIX. Comercialización de la investigación sobre el microbioma 102
Tendencias actuales del mercado 102
Desafíos éticos y prácticos 103
Predicciones sobre el mercado futuro 104

XXX. Asociaciones y colaboraciones en la investigación del microbioma 105
Papel de la colaboración interdisciplinar 105
Principales proyectos de colaboración 106
Ventajas y retos de la colaboración 107

XXXI. Financiación e inversión en la investigación del microbioma 108
Resumen de las fuentes de financiación 108
Tendencias de la inversión 109
Impacto de la financiación en el progreso de la investigación 110

XXXII. Investigación sobre el microbioma y política de salud pública 112
Influencia en la elaboración de políticas sanitarias 112
Retos políticos 113
Recomendaciones para los responsables políticos 114

XXXIII. Microbioma y salud ambiental 115
Interacción entre los factores ambientales y el microbioma 115
Impacto en la salud pública 116
Estrategias de gestión medioambiental 117

XXXIV. Retos en la recogida y almacenamiento de muestras del microbioma 118
Buenas prácticas para la recogida de muestras 118
Técnicas de almacenamiento y conservación 119
Impacto en la calidad de la investigación 120

XXXV. Análisis e interpretación de datos en la investigación del microbioma 121
Técnicas analíticas avanzadas 121
Desafíos en la interpretación de datos 122
Mejorar la precisión y la fiabilidad 123

XXXVI. Microbioma y enfermedades infecciosas 124
Papel en la prevención de enfermedades 124
Influencia del microbioma en la dinámica de los patógenos 125
Estrategias para el tratamiento de las enfermedades infecciosas 126

XXXVII. MICROBIOMA Y RESISTENCIA A LOS ANTIBIÓTICOS 127
  DESARROLLO DE LA RESISTENCIA 127
  ESTRATEGIAS PARA COMBATIR LA RESISTENCIA 128
  ORIENTACIONES FUTURAS EN LA INVESTIGACIÓN Y EL TRATAMIENTO 129

XXXVIII. ASPECTOS JURÍDICOS DE LA INVESTIGACIÓN SOBRE EL MICROBIOMA 130
  CUESTIONES DE PROPIEDAD INTELECTUAL 130
  CUMPLIMIENTO DE LA LEGISLACIÓN INTERNACIONAL 131
  FUTUROS RETOS JURÍDICOS 132

XXXIX. MICROBIOMA Y FACTORES DEL ESTILO DE VIDA 133
  IMPACTO DEL EJERCICIO EN EL MICROBIOMA 133
  EFECTOS DEL ESTRÉS Y EL SUEÑO 134
  MODIFICACIONES DEL ESTILO DE VIDA PARA UNA SALUD ÓPTIMA DEL MICROBIOMA 135

XL. PAPEL DEL MICROBIOMA EN LOS NUTRACÉUTICOS 136
  NUTRACÉUTICOS DIRIGIDOS AL MICROBIOMA 136
  CONSIDERACIONES SOBRE EFICACIA Y SEGURIDAD 137
  ASPECTOS REGLAMENTARIOS Y DE MERCADO 138

XLI. MICROBIOMA Y MEDICINA VETERINARIA 139
  APLICACIONES EN SANIDAD ANIMAL 139
  ESTUDIOS COMPARATIVOS CON MICROBIOMAS HUMANOS 140
  FUTURAS DIRECCIONES EN APLICACIONES VETERINARIAS 141

XLII. MICROBIOMA Y CIENCIAS AGRARIAS 142
  IMPACTO EN LA SALUD DEL SUELO Y DE LAS PLANTAS 142
  APLICACIONES EN AGRICULTURA SOSTENIBLE 143
  FUTURAS ESTRATEGIAS AGRÍCOLAS 144

XLIII. MICROBIOMA E INDUSTRIA ALIMENTARIA 145
  INFLUENCIA EN LA ELABORACIÓN DE ALIMENTOS 145
  PROBIÓTICOS EN LOS PRODUCTOS ALIMENTICIOS 146
  TENDENCIAS FUTURAS EN TECNOLOGÍA ALIMENTARIA 147

XLIV. INICIATIVAS SANITARIAS MUNDIALES Y EL MICROBIOMA 148
  PROGRAMAS INTERNACIONALES DE SALUD 148
  PAPEL DE LA INVESTIGACIÓN SOBRE EL MICROBIOMA EN LA SALUD MUNDIAL 149
  ESTRATEGIAS PARA LA MEJORA DE LA SALUD MUNDIAL 150

XLV. MICROBIOMA Y BIOTECNOLOGÍA 152
  APLICACIONES BIOTECNOLÓGICAS 152
  INNOVACIONES EN LA INGENIERÍA DEL MICROBIOMA 153
  CONSIDERACIONES ÉTICAS Y DE SEGURIDAD 154

XLVI. RETOS EN LA TRASLACIÓN DE LA INVESTIGACIÓN SOBRE EL MICROBIOMA 155
  DEL LABORATORIO A LA CLÍNICA 155
  BARRERAS EN LA APLICACIÓN CLÍNICA 156
  ESTRATEGIAS PARA SUPERAR LOS RETOS 157

XLVII. MICROBIOMA Y SEGURIDAD PÚBLICA 158
  PROBLEMAS DE BIOSEGURIDAD 158
  EL MICROBIOMA EN LA VIGILANCIA DE ENFERMEDADES 159
  ESTRATEGIAS DE SEGURIDAD PÚBLICA 160

XLVIII. DIRECCIONES FUTURAS EN LA INVESTIGACIÓN DEL MICROBIOMA 161
  ÁREAS DE INVESTIGACIÓN EMERGENTES 161
  AVANCES POTENCIALES 162
  OBJETIVOS DE INVESTIGACIÓN A LARGO PLAZO 163

XLIX. RESUMEN DE LAS PRINCIPALES CONCLUSIONES 164

PRINCIPALES CONCLUSIONES DEL ENSAYO 164
IMPLICACIONES PARA LA INVESTIGACIÓN FUTURA 165
RELEVANCIA PARA LA SALUD Y LA ENFERMEDAD 166

L. IMPLICACIONES PARA LA POLÍTICA Y LA PRÁCTICA 167
RECOMENDACIONES PARA LOS PROFESIONALES SANITARIOS 167
IMPLICACIONES POLÍTICAS 168
APLICACIONES PRÁCTICAS DE LOS RESULTADOS DE LA INVESTIGACIÓN 169

LI. CONCLUSIÓN 170
RECAPITULACIÓN DE LA TESIS Y PUNTOS PRINCIPALES 170
PERSPECTIVAS DE FUTURO EN LA INVESTIGACIÓN DEL MICROBIOMA 171
OBSERVACIONES FINALES 172

BIBLIOGRAFÍA 173

I. INTRODUCCIÓN

La intrincada relación entre el microbioma humano y nuestra salud ha suscitado cada vez más atención en el campo de la medicina y la biología. El cuerpo humano alberga billones de microorganismos, principalmente bacterias, que coexisten en un delicado equilibrio con nuestras células. La composición de nuestro microbioma puede variar significativamente de una persona a otra, influida por factores como la dieta, la genética y el medio ambiente. Esta microbiota desempeña un papel fundamental en la configuración de nuestro sistema inmunitario, metabolismo e incluso salud mental. Comprender la interacción dinámica entre el microbioma humano y nuestra salud es crucial para desarrollar enfoques de medicina personalizada y tratamientos innovadores para una amplia gama de enfermedades. A medida que profundizamos en este mundo microbiano que llevamos dentro, descubrimos nuevos conocimientos sobre cómo influyen las bacterias en nuestra fisiología y tenemos la clave para desbloquear avances revolucionarios en la asistencia sanitaria.

Definición del microbioma humano
El microbioma humano, definido como el conjunto de microorganismos que residen en y sobre el cuerpo humano, es un ecosistema complejo que influye significativamente en nuestra salud. Estos microbios, que incluyen bacterias, virus y hongos, desempeñan un papel crucial en diversos procesos fisiológicos, desde la absorción de nutrientes hasta la función del sistema inmunitario. La composición del microbioma humano es única para cada individuo y puede verse influida por factores como la

genética, la dieta y el medio ambiente. Los recientes avances tecnológicos han permitido a los investigadores comprender mejor la diversidad y las funciones de estas comunidades microbianas, arrojando luz sobre su impacto en la salud humana. Estudiando el microbioma humano, los científicos pueden comprender mejor enfermedades como la obesidad, los trastornos autoinmunitarios e incluso los trastornos mentales. Comprender la intrincada relación entre nuestro cuerpo y los microorganismos que lo habitan es esencial para desarrollar estrategias personalizadas que promuevan el bienestar general.

Importancia de la investigación sobre el microbioma

Los recientes avances en la investigación del microbioma han arrojado luz sobre el papel crucial que desempeñan las bacterias de nuestro cuerpo en nuestra salud. Comprender las complejas interacciones dentro del microbioma puede aportar valiosos conocimientos sobre diversas afecciones, desde trastornos gastrointestinales hasta problemas de salud mental. Examinando la composición de las comunidades microbianas y su impacto en los procesos fisiológicos, los investigadores pueden desarrollar intervenciones específicas y tratamientos personalizados. Además, la investigación del microbioma tiene el potencial de revolucionar la asistencia sanitaria al ofrecer una nueva perspectiva sobre la prevención y el tratamiento de las enfermedades. Mediante la identificación de los actores microbianos clave y sus funciones, los investigadores pretenden descubrir estrategias terapéuticas novedosas que puedan ayudar a mejorar los resultados de los pacientes y aumentar el bienestar general. En última instancia, la importancia de la investigación del microbioma reside en su capacidad para dilucidar la intrincada relación entre nuestros cuerpos y los billones de microorganismos que nos habitan, ofreciendo vías prometedoras para el avance de la ciencia médica.

Enunciado de la Tesis: Explorar el impacto de las bacterias en la salud

Investigaciones recientes han arrojado luz sobre la intrincada relación entre las bacterias y la salud humana, revelando el importante impacto que tienen estos microorganismos en nuestro bienestar. Al colonizar nuestro intestino, piel y otros sistemas corporales, las bacterias desempeñan un papel crucial en el mantenimiento de un delicado equilibrio esencial para una salud óptima. El microbioma humano, formado por billones de microbios, interactúa con nuestro sistema inmunitario, influye en la absorción de nutrientes e incluso afecta a nuestra salud mental. La disbiosis, o desequilibrio del microbioma, se ha relacionado con una serie de trastornos de la salud, como la obesidad, las enfermedades autoinmunes y los trastornos mentales. Comprender la compleja interacción entre las bacterias y la salud es esencial para desarrollar intervenciones específicas que promuevan el bienestar general. A medida que profundizamos en este complejo ecosistema de microbios, seguimos descubriendo las profundas formas en que las bacterias influyen en nuestra salud y el potencial de aprovechar este conocimiento para mejorar la salud de las personas de todo el mundo.

II. PERSPECTIVA HISTÓRICA DE LOS ESTUDIOS SOBRE EL MICROBIOMA

Dado que los estudios sobre el microbioma han cobrado fuerza en los últimos años, es importante considerar la perspectiva histórica que ha dado forma a este campo de investigación. Las raíces de los estudios sobre el microbioma se remontan al trabajo de Antonie van Leeuwenhoek, que observó por primera vez organismos microscópicos en el siglo XVII. Sin embargo, no fue hasta finales del siglo XX cuando los avances en la tecnología de secuenciación del ADN permitieron a los investigadores profundizar en las complejidades del microbioma humano. Este avance tecnológico permitió a los científicos identificar y caracterizar la enorme variedad de microorganismos que viven en y sobre el cuerpo humano. Al examinar la progresión histórica de los estudios sobre el microbioma, podemos apreciar la evolución de nuestra comprensión de la intrincada relación entre el microbioma y la salud humana. Este contexto histórico proporciona valiosas perspectivas sobre el estado actual de la investigación del microbioma y subraya la importancia de la colaboración interdisciplinar para desentrañar los misterios del microbioma.

Primeros descubrimientos y teorías

Los primeros descubrimientos y teorías en el campo de la investigación del microbioma humano han sentado las bases de nuestra comprensión actual de cómo las bacterias del cuerpo influyen en nuestra salud. Desde las observaciones pioneras de Antonie van Leeuwenhoek sobre los microorganismos en el siglo XVII hasta la teoría germinal de la enfermedad de Louis Pasteur en el siglo XIX, la idea de que los microorganismos desempeñan un papel importante en la salud humana ha sido un tema constante a lo largo de la historia de la ciencia. Con el tiempo, los investigadores han descubierto las intrincadas interacciones entre el huésped humano y los billones de bacterias que residen en nuestro interior, lo que ha dado lugar a descubrimientos revolucionarios sobre el impacto del microbioma en diversos aspectos de la salud, como la digestión, la inmunidad e incluso la salud mental. Estos primeros descubrimientos han conformado la forma en que enfocamos hoy la asistencia sanitaria, destacando la importancia de mantener un microbioma equilibrado para el bienestar general.

Avances en la investigación microbiana
Los recientes avances en la investigación microbiana han arrojado luz sobre la intrincada relación entre el microbioma humano y diversas afecciones de salud. Utilizando técnicas de vanguardia como la metagenómica y la metabolómica, los científicos han podido descubrir la enorme diversidad de microorganismos que residen en y sobre nuestro cuerpo. Estos estudios han revelado el papel crucial que desempeñan las bacterias intestinales en la digestión, la función inmunitaria e incluso la salud mental. Comprender la composición y función del microbioma humano ha allanado el camino a terapias innovadoras, como los trasplantes de microbiota fecal, que aprovechan el poder de las bacterias beneficiosas para tratar afecciones como la infección por Clostridioides difficile. Además, los conocimientos de la investigación microbiana han puesto de relieve la importancia de mantener un microbioma diverso y equilibrado mediante la dieta, el estilo de vida y el uso prudente de antibióticos. A medida que nuestro conocimiento del microbioma sigue

evolucionando, también lo hace nuestra capacidad de aprovechar su potencial para optimizar la salud y el bienestar.

El cambio hacia el análisis del microbioma

A medida que siguen evolucionando los avances tecnológicos, se ha producido un cambio notable hacia el análisis del microbioma en el campo de la salud y la medicina. Este cambio está impulsado por el reconocimiento del importante impacto que tiene el microbioma en la salud humana. Los investigadores están cada vez más interesados en estudiar las complejas interacciones entre los billones de microorganismos que residen en y sobre el cuerpo humano y cómo influyen en diversos procesos fisiológicos. El uso de técnicas como la metagenómica y la metabolómica permite comprender más a fondo las intrincadas relaciones entre el huésped y sus habitantes microbianos. Al descubrir los matices del microbioma, los científicos pretenden identificar posibles biomarcadores de ciertas enfermedades, desarrollar estrategias de tratamiento personalizadas y, en última instancia, mejorar los resultados generales de la salud de las personas. Este énfasis en el análisis del microbioma marca un momento crucial en la búsqueda de la medicina de precisión y subraya la importancia de considerar el microbioma como un componente integral de la salud humana.

III. COMPOSICIÓN DEL MICROBIOMA HUMANO

Nuestra comprensión de la composición del microbioma humano ha evolucionado significativamente en los últimos años, revelando un complejo ecosistema de bacterias, virus, hongos y otros microorganismos que habitan en diversas partes de nuestro cuerpo. El microbioma humano es muy diverso, con comunidades distintas que residen en diferentes regiones como la piel, el intestino, la boca y el tracto reproductor. La microbiota intestinal, en particular, es reconocida por su gran variedad de especies y sus funciones cruciales en la digestión, el metabolismo y la regulación inmunitaria. Las investigaciones indican que la composición del microbioma está influida por diversos factores, como la dieta, el estilo de vida, la genética y el medio ambiente. Comprender la composición específica del microbioma de un individuo puede aportar información valiosa sobre su estado de salud y su susceptibilidad a ciertas enfermedades. Además, los avances en las tecnologías de secuenciación han permitido a los investigadores caracterizar el microbioma a un nivel mucho más profundo, arrojando luz sobre las intrincadas interacciones entre las comunidades microbianas y el huésped. Estos conocimientos son muy prometedores para la medicina personalizada y las intervenciones terapéuticas innovadoras destinadas a restablecer el equilibrio microbiano y promover el bienestar general.

Tipos de microorganismos presentes

El microbioma humano es un ecosistema complejo compuesto por varios tipos de microorganismos que residen en distintas zonas del cuerpo. Estos microorganismos incluyen bacterias, virus, hongos y arqueas, siendo las bacterias el grupo más abundante y diverso. Entre las bacterias, hay distintas especies y cepas que varían en sus funciones y efectos sobre la salud humana. Por ejemplo, algunas bacterias se consideran beneficiosas o probióticas, pues ayudan en la digestión, la función inmunitaria y la síntesis de vitaminas, mientras que otras pueden ser patógenas y causar infecciones o enfermedades. Comprender los tipos de microorganismos presentes en el microbioma humano es crucial para dilucidar sus funciones en el mantenimiento de la salud y la prevención de enfermedades. Estudiando las interacciones entre estos microorganismos y el cuerpo humano, los investigadores pueden desarrollar estrategias para promover un microbioma sano y mejorar el bienestar general. Así pues, identificar y caracterizar la diversa gama de microorganismos presentes en el microbioma humano es esencial para avanzar en nuestro conocimiento de cómo influyen estos organismos en nuestra salud.

Variabilidad en diferentes localizaciones corporales
Además, la variabilidad entre las distintas localizaciones corporales en cuanto a la composición microbiana añade otra capa de complejidad al microbioma humano. La investigación ha demostrado que la microbiota presente en el intestino difiere significativamente de la de la piel o la cavidad oral. Esta diversidad es crucial, ya que los distintos lugares del cuerpo tienen condiciones ambientales únicas que seleccionan comunidades microbianas específicas. Por ejemplo, el intestino proporciona un ambiente cálido, húmedo y rico en nutrientes ideal para el crecimiento de ciertas bacterias, mientras que la piel ofrece un

hábitat más seco y ácido que favorece un conjunto diferente de microorganismos. Comprender las variaciones de las poblaciones microbianas en las distintas zonas del cuerpo es esencial para descifrar la intrincada relación entre el microbioma y su huésped. Explorando estas diferencias, los investigadores pueden obtener información valiosísima sobre cómo influye el microbioma en la salud y la enfermedad humanas a nivel específico de cada lugar. Esto pone de relieve la importancia de considerar el microbioma como un ecosistema dinámico con diversos nichos que interactúan en una red compleja dentro del cuerpo humano.

Factores que influyen en la composición del microbioma
La composición del microbioma humano está influida por multitud de factores, que van desde la genética hasta las exposiciones ambientales. Un determinante crucial es la dieta del individuo, ya que ciertos alimentos pueden fomentar el crecimiento de microbios beneficiosos e inhibir las cepas patógenas. Además, las elecciones de estilo de vida, como el ejercicio y la gestión del estrés, también pueden influir en el equilibrio del microbioma. Además, los medicamentos, como los antibióticos, pueden alterar drásticamente la comunidad microbiana del intestino, provocando una posible disbiosis. Además, se ha demostrado que la edad y la ubicación geográfica influyen en la composición del microbioma: los lactantes tienen un microbioma distinto al de los adultos y los individuos de distintas regiones presentan poblaciones microbianas variadas. Comprender estos factores es esencial para mantener un microbioma sano y prevenir las enfermedades asociadas a la disbio-

sis. En última instancia, la intrincada interacción de estos elementos pone de relieve la complejidad de la composición del microbioma y su relevancia para la salud general.

IV. METODOLOGÍAS PARA ESTUDIAR EL MICROBIOMA

Los recientes avances tecnológicos han revolucionado las metodologías de estudio del microbioma, permitiendo a los investigadores profundizar en el intrincado mundo de las comunidades microbianas del cuerpo humano. La secuenciación metagenómica ha surgido como una poderosa herramienta, que permite el análisis exhaustivo del ADN microbiano presente en diversos lugares del cuerpo. Este enfoque no sólo proporciona información sobre la diversidad y composición del microbioma, sino que también ayuda a identificar posibles correlaciones entre los perfiles microbianos y los resultados de salud. Además, el análisis metabolómico ofrece información valiosa sobre las capacidades funcionales de estas comunidades microbianas, arrojando luz sobre su papel en la fisiología y la enfermedad humanas. La integración de conjuntos de datos multiómicos mejora aún más nuestra comprensión de las complejas interacciones dentro del microbioma. Estas metodologías de vanguardia son muy prometedoras para desentrañar el impacto del microbioma en la salud humana y allanar el camino hacia enfoques personalizados de las intervenciones basadas en el microbioma.

Tecnologías de secuenciación del ADN
A medida que los avances tecnológicos han transformado el campo de la genómica, las tecnologías de secuenciación del ADN han desempeñado un papel fundamental a la hora de desentrañar las complejidades del microbioma humano. Los méto-

dos de secuenciación de alto rendimiento, como la secuenciación de próxima generación (NGS), han revolucionado la forma en que los investigadores examinan las comunidades microbianas dentro del cuerpo. Al proporcionar una visión completa del material genético presente en estas comunidades, la NGS permite una comprensión más profunda de la diversidad y las funciones de estos microorganismos. Además, el desarrollo de tecnologías de secuenciación de lectura larga ha permitido el ensamblaje de genomas completos de poblaciones microbianas complejas, lo que ha permitido comprender el potencial funcional de estos microbios. Estos avances en la secuenciación del ADN no sólo han ampliado nuestros conocimientos sobre el microbioma humano, sino que también han allanado el camino a enfoques de medicina personalizada que aprovechan la composición microbiana de los individuos para mejorar los resultados sanitarios.

Metagenómica y Bioinformática

La metagenómica, una potente herramienta para estudiar las comunidades microbianas, proporciona nuevos conocimientos sobre las complejas interacciones entre las bacterias y sus huéspedes humanos. Al secuenciar el ADN de todos los microbios de un entorno concreto, la metagenómica permite a los investigadores identificar las diversas especies presentes y sus respectivas funciones. La bioinformática, por su parte, desempeña un papel crucial en el análisis y la interpretación de la ingente cantidad de datos generados mediante los estudios metagenómicos. Mediante técnicas computacionales avanzadas, la bioinformática ayuda a los investigadores a desentrañar el código genético de las bacterias y a comprender cómo influyen en la salud humana. Combinando la metagenómica y la bioinformática, los científicos pueden descubrir nuevas formas en que el microbioma humano influye en diversos procesos fisiológicos. Este enfoque interdisciplinario no sólo mejora nuestra comprensión de las comunidades microbianas, sino que también abre nuevas vías para la medicina personalizada y las intervenciones dirigidas a promover mejores resultados sanitarios.

Retos de la investigación sobre el microbioma

Al sumergirse en el ámbito de la investigación del microbioma, se presentan varios retos que dificultan el progreso en la comprensión de la intrincada relación entre el cuerpo humano y sus bacterias residentes. Un reto importante es la enorme complejidad y diversidad de las comunidades microbianas que habitan en distintas partes del cuerpo, lo que dificulta su estudio exhaustivo. Además, la naturaleza dinámica del microbioma, afectado por diversos factores como la dieta, el estilo de vida y las exposiciones ambientales, plantea un reto a la hora de mantener la coherencia de los resultados de la investigación. Además, la falta de métodos estandarizados para estudiar el microbioma dificulta la comparabilidad y reproducibilidad de los estudios entre distintos grupos de investigación. Abordar estos retos requiere colaboraciones interdisciplinarias, herramientas tecnológicas avanzadas y diseños de estudio sólidos para desentrañar los misterios del microbioma y su impacto en la salud humana. A pesar de estos obstáculos, el campo de la investigación del microbioma encierra un inmenso potencial para revolucionar nuestra comprensión de la salud y la enfermedad.

V. MICROBIOMA INTESTINAL Y SALUD DIGESTIVA

Investigaciones recientes han puesto de relieve la intrincada relación entre el microbioma intestinal y la salud digestiva. La microbiota intestinal, compuesta por billones de microorganismos, desempeña un papel vital en el mantenimiento de la función gastrointestinal, la absorción de nutrientes y la respuesta inmunitaria. Los estudios han demostrado que las alteraciones del microbioma intestinal, conocidas como disbiosis, están asociadas a diversos trastornos digestivos, como el síndrome del intestino irritable (SII), la enfermedad inflamatoria intestinal (EII) e incluso el cáncer de colon. El equilibrio de bacterias beneficiosas y perjudiciales en el intestino influye en la integridad de la barrera intestinal, los niveles de inflamación y la producción de nutrientes esenciales. Además, el eje intestino-cerebro demuestra la comunicación bidireccional entre el microbioma intestinal y el sistema nervioso central, que influye en el estado de ánimo, la cognición e incluso el comportamiento. Comprender la dinámica del microbioma intestinal es crucial para desarrollar intervenciones dirigidas a promover la salud digestiva y el bienestar general.

Papel en la digestión y la absorción de nutrientes
El microbioma humano desempeña un papel fundamental en la digestión y la absorción de nutrientes, influyendo en diversos aspectos de nuestra salud general. Dentro del tracto gastrointestinal, billones de bacterias ayudan a descomponer las partículas de alimentos y a extraer nutrientes esenciales para su ab-

sorción en el torrente sanguíneo. Estos microorganismos también tienen la capacidad de metabolizar ciertos compuestos que nuestro organismo no puede digerir de forma independiente, como la fibra. Al fermentar estas sustancias no digeribles, las bacterias intestinales producen ácidos grasos de cadena corta que no sólo sirven como fuente de energía crucial para las células intestinales, sino que también tienen propiedades antiinflamatorias. Además, la composición de la microbiota intestinal puede afectar a la eficacia de la absorción de nutrientes, lo que puede repercutir en deficiencias o excesos de nutrientes en el organismo. Por tanto, comprender la intrincada relación entre el microbioma humano y la digestión es vital para mantener una salud y un bienestar óptimos.

Influencia en las enfermedades gastrointestinales

Investigaciones recientes han demostrado una clara relación entre el microbioma humano y las enfermedades gastrointestinales. La composición de la microbiota intestinal puede influir en el desarrollo y la progresión de afecciones como la enfermedad inflamatoria intestinal (EII), el síndrome del intestino irritable (SII) e incluso el cáncer colorrectal. La disbiosis, o desequilibrio de la microbiota intestinal, se ha implicado en la patogénesis de estas enfermedades, provocando una inflamación crónica y una función de barrera intestinal comprometida. Además, el microbioma intestinal desempeña un papel clave en la producción de metabolitos que pueden promover o inhibir la inflamación en el intestino. Al comprender cómo interactúan determinadas bacterias con el sistema inmunitario y las células intestinales, los investigadores pueden desarrollar terapias específicas para modular el microbioma y aliviar los síntomas de las enfermedades gastrointestinales. Este creciente conjunto de pruebas subraya la importancia de mantener un microbioma intestinal sano para la salud gastrointestinal general.

Probióticos y salud intestinal

La influencia de los probióticos en la salud intestinal es un tema de gran interés en el campo de la microbiología y la salud humana. Se ha demostrado que los probióticos, que son microorganismos vivos que confieren beneficios para la salud cuando se consumen en cantidades adecuadas, desempeñan un papel crucial en el mantenimiento del delicado equilibrio de las bacterias del intestino. Al promover el crecimiento de bacterias beneficiosas e inhibir el de las perjudiciales, los probióticos pueden ayudar a mantener un microbioma intestinal sano. Los estudios han demostrado que los probióticos pueden mejorar la digestión, potenciar la función inmunitaria e incluso reducir la inflamación intestinal. Además, la investigación ha sugerido que los probióticos pueden desempeñar un papel en la prevención y el tratamiento de ciertos trastornos gastrointestinales, como el síndrome del intestino irritable y la enfermedad inflamatoria intestinal. A medida que aumenta nuestro conocimiento del microbioma humano, el potencial de los probióticos para influir positivamente en la salud intestinal sigue siendo un prometedor campo de investigación.

VI. INTERACCIÓN ENTRE MICROBIOMA Y SISTEMA INMUNITARIO

La intrincada relación entre el microbioma humano y el sistema inmunitario es un tema de creciente interés e importancia en el campo de la investigación médica. Estudios recientes han arrojado luz sobre las formas en que los billones de bacterias que residen en nuestro cuerpo interactúan con nuestras células inmunitarias, influyendo en nuestra susceptibilidad a las enfermedades y en nuestro bienestar general. El microbioma no sólo ayuda a educar y entrenar nuestro sistema inmunitario desde una edad temprana, sino que también desempeña un papel crucial en la regulación de sus respuestas a los agentes patógenos. Esta interacción dinámica entre el microbioma y el sistema inmunitario es un delicado equilibrio que, cuando se altera, puede provocar una desregulación y aumentar el riesgo de diversos trastornos autoinmunitarios. Comprender la intrincada diafonía entre el microbioma y el sistema inmunitario abre nuevas vías para terapias e intervenciones dirigidas a manipular esta relación con el fin de mejorar la salud. A medida que avanza la investigación en este campo, la posibilidad de aprovechar el poder del microbioma para modular las respuestas inmunitarias y tratar diversas enfermedades es prometedora para el futuro de la medicina personalizada y las estrategias de atención sanitaria preventiva.

Desarrollo del sistema inmunitario
A medida que el microbioma humano sigue acaparando cada vez más atención en el ámbito de la asistencia sanitaria y la

investigación, resulta esencial comprender el intrincado desarrollo del sistema inmunitario. El sistema inmunitario, que comprende una compleja red de células, tejidos y órganos, desempeña un papel fundamental en la protección del organismo contra los agentes patógenos y en el mantenimiento de la homeostasis. Durante los primeros años de vida, el sistema inmunitario experimenta una serie de procesos de maduración, influidos por diversos factores, como la genética, las exposiciones ambientales y las interacciones con las comunidades microbianas. El establecimiento de un microbioma diverso y equilibrado en la infancia es crucial para el correcto desarrollo del sistema inmunitario, ya que determina su capacidad para distinguir entre microorganismos beneficiosos y perjudiciales. La disbiosis, o desequilibrio microbiano, se ha relacionado con la desregulación inmunitaria y el aumento de la susceptibilidad a diversas enfermedades. Por tanto, una comprensión más profunda de cómo influye el microbioma humano en el desarrollo inmunitario es primordial para avanzar en nuestro conocimiento de la salud y la enfermedad.

El papel del microbioma en la modulación inmunitaria
La investigación ha demostrado que el microbioma humano desempeña un papel crucial en la modulación inmunitaria. El microbioma, compuesto por billones de bacterias que residen en nuestro intestino, piel y otras zonas del cuerpo, interactúa con nuestro sistema inmunitario de formas complejas. Mediante moléculas señalizadoras y metabolitos producidos por estas bacterias, pueden comunicarse con las células inmunitarias e influir en su respuesta a los patógenos. Por ejemplo, se ha des-

cubierto que ciertas bacterias beneficiosas aumentan la producción de moléculas antiinflamatorias, ayudando a regular las respuestas inmunitarias y a prevenir la inflamación crónica. Por otra parte, la disbiosis, un desequilibrio en la composición del microbioma, se ha relacionado con diversos trastornos relacionados con el sistema inmunitario, como las enfermedades autoinmunitarias. Al comprender las interacciones entre el microbioma y el sistema inmunitario, los investigadores pueden desarrollar nuevas estrategias para promover la salud y tratar las afecciones relacionadas con el sistema inmunitario. Así pues, el papel del microbioma en la modulación inmunitaria pone de relieve la importancia de mantener una comunidad microbiana diversa y equilibrada para el bienestar general.

Impacto en las enfermedades autoinmunes

El impacto del microbioma humano en las enfermedades autoinmunes es un área de estudio compleja y dinámica que sigue intrigando a investigadores y profesionales médicos por igual. Actualmente se reconoce que la intrincada interacción entre la microbiota intestinal y el sistema inmunitario es un factor clave en el desarrollo y la progresión de las enfermedades autoinmunitarias. Los estudios han demostrado que la disbiosis, o desequilibrio del microbioma intestinal, puede provocar un aumento de la inflamación y una ruptura de la tolerancia inmunitaria, que son características distintivas de las enfermedades autoinmunitarias. Además, se ha implicado a cepas bacterianas específicas en el fomento o la protección contra los trastornos autoinmunes, lo que pone de relieve el potencial de las intervenciones dirigidas mediante probióticos u otras terapias de modulación del microbioma. Comprender la íntima relación entre el microbioma y las enfermedades autoinmunes es muy prometedor para crear nuevas herramientas de diagnóstico y estrategias de tratamiento personalizadas que podrían revolucionar el tratamiento de estas enfermedades complejas.

VII. MICROBIOMA DE LA PIEL

El microbioma cutáneo, conocido como el conjunto de microorganismos que habitan en la piel, ha sido objeto de creciente atención en los últimos años por su papel fundamental en el mantenimiento de la salud y la función de la piel. El microbioma cutáneo, compuesto por un conjunto diverso de bacterias, hongos y virus, sirve de barrera crucial contra los patógenos y ayuda a regular la inflamación y las respuestas inmunitarias. La investigación ha demostrado que las alteraciones del equilibrio del microbioma cutáneo, conocidas como disbiosis, pueden provocar diversos trastornos de la piel, como acné, eccema y psoriasis. Comprender los entresijos del microbioma cutáneo no sólo arroja luz sobre las complejas interacciones entre los microbios y la piel, sino que también abre nuevas posibilidades de intervenciones terapéuticas para tratar las afecciones cutáneas. Al dilucidar la dinámica del microbioma cutáneo, podemos aprovechar su potencial para mejorar la salud de la piel y el bienestar general.

Composición y función
La composición y la función del microbioma humano están intrincadamente entrelazadas, y el variado conjunto de bacterias que colonizan diversas partes de nuestro cuerpo desempeña papeles vitales en el mantenimiento de nuestra salud. Estas comunidades microbianas no son meros habitantes pasivos; participan activamente en procesos fisiológicos cruciales, como el metabolismo de los nutrientes, la modulación del sistema inmunitario e incluso influyen en nuestra salud mental. La microbiota intestinal, por ejemplo, desempeña un papel fundamental en la

digestión y absorción de nutrientes, así como en la síntesis de vitaminas esenciales. Además, estos microorganismos interactúan con nuestro sistema inmunitario, ayudando a entrenarlo y a distinguir entre patógenos nocivos y comensales beneficiosos. Además, investigaciones recientes han puesto de relieve el importante impacto del microbioma en la salud mental, con vías de comunicación intestino-cerebro que influyen en el estado de ánimo y el comportamiento. Comprender la composición y función de estas comunidades bacterianas es esencial para desarrollar intervenciones dirigidas a mantener un microbioma equilibrado y promover la salud y el bienestar generales.

Relación con las afecciones cutáneas
La relación entre el microbioma humano y las afecciones cutáneas es compleja y dinámica. Numerosos estudios han demostrado que la composición de las bacterias del microbioma cutáneo puede influir en el desarrollo y la gravedad de diversas afecciones de la piel, como el eccema, el acné y la psoriasis. Por ejemplo, la disbiosis en el microbioma cutáneo, caracterizada por un desequilibrio de bacterias perjudiciales y beneficiosas, se ha relacionado con la patogénesis del eccema. Se ha descubierto que ciertos tipos de bacterias, como el Staphylococcus aureus, exacerban la inflamación en las personas propensas al eccema. En cambio, otras bacterias beneficiosas, como el Propionibacterium acnes, pueden contribuir a mantener una barrera cutánea sana y reducir el riesgo de aparición de acné. Comprender la intrincada interacción entre el microbioma y las afecciones cutáneas encierra un gran potencial para desarrollar estrategias terapéuticas novedosas dirigidas al microbioma para mejorar la salud de la piel.

Enfoques terapéuticos para la salud de la piel
Los recientes avances en el campo de la dermatología han dado lugar a diversos enfoques terapéuticos para mejorar la salud de la piel. Un método prometedor es el uso de probióticos, que son bacterias y levaduras vivas beneficiosas para el microbioma de la piel. Al introducir estos microorganismos amistosos, los probióticos pueden ayudar a restablecer el equilibrio del ecosistema cutáneo, fomentando una función de barrera saludable y reduciendo la inflamación. Otro enfoque innovador implica el uso de prebióticos, que son compuestos que sirven de alimento a las bacterias beneficiosas de la piel. Al nutrir estas bacterias buenas, los prebióticos pueden ayudar a mantener un microbioma diverso y resistente, favoreciendo así la salud de la piel. Además, los tratamientos personalizados para el cuidado de la piel, adaptados al perfil microbiano único de cada persona, están ganando adeptos, lo que permite intervenciones específicas y eficaces. Estos enfoques terapéuticos no sólo ofrecen interesantes posibilidades para mejorar las afecciones cutáneas, sino que también subrayan el inmenso potencial de aprovechar el poder del microbioma humano para promover la salud y el bienestar generales.

VIII. MICROBIOMA ORAL

A medida que profundizamos en las complejidades del microbioma humano, se hace evidente que el microbioma oral, en concreto, desempeña un papel importante en nuestra salud general. La cavidad bucal alberga un conjunto diverso de bacterias que interactúan entre sí y con el huésped, influyendo no sólo en la salud bucal, sino también en la salud sistémica. Los estudios han demostrado que la disbiosis en el microbioma oral puede provocar diversas enfermedades orales, como la enfermedad periodontal, la caries dental y los cánceres orales. Además, la investigación emergente sugiere que el microbioma oral puede tener implicaciones más allá de la cavidad oral, afectando a afecciones como las enfermedades cardiovasculares, la diabetes e incluso los trastornos neurodegenerativos. Comprender la intrincada relación entre el microbioma oral y la salud general es crucial para desarrollar intervenciones dirigidas a promover la salud oral y sistémica. Aprovechando el poder de estos microbios orales, podemos abrir nuevas vías para mejorar la salud y el bienestar humanos.

La composición y su entorno único
Comprender la composición del microbioma humano implica reconocer la relación simbiótica entre las bacterias y su entorno único dentro del cuerpo. Es esencial apreciar que el microbioma no es una entidad estática, sino un ecosistema dinámico que se adapta constantemente a los estímulos internos y externos. La diversa gama de especies microbianas que residen en distintas zonas del cuerpo, como el intestino, la piel y la cavidad oral, interactúan entre sí y con las células huésped para mantener un

delicado equilibrio. Este equilibrio es crucial para diversas funciones fisiológicas, como la digestión, la respuesta inmunitaria y la absorción de nutrientes. El entorno de cada lugar del cuerpo influye en la composición y actividad del microbioma, determinando su impacto en la salud y la enfermedad. Por lo tanto, comprender la intrincada interacción entre la composición y el entorno es esencial para desbloquear el potencial terapéutico de dirigirse al microbioma para mejorar la salud humana.

Enlace a Enfermedades bucodentales
Estudios recientes han puesto de relieve la intrincada relación entre el microbioma humano y diversas enfermedades bucodentales. La cavidad bucal alberga un conjunto diverso de bacterias, que pueden dificultar o favorecer la salud bucodental. Un microbioma equilibrado en la boca es esencial para mantener sanas las encías y los dientes, ya que se ha descubierto que ciertas bacterias están relacionadas con el desarrollo de afecciones como las caries, la gingivitis y la enfermedad periodontal. La disbiosis en el microbioma oral, caracterizada por un desequilibrio en las poblaciones bacterianas, puede conducir a un crecimiento excesivo de bacterias nocivas, contribuyendo en última instancia a la progresión de las enfermedades orales. Comprender la dinámica del microbioma oral y su impacto en la salud bucodental es crucial para desarrollar terapias dirigidas que puedan ayudar a prevenir y tratar eficazmente estas afecciones. Al desentrañar las complejas interacciones entre las bacterias de la cavidad bucal, los investigadores pueden allanar el camino a estrategias innovadoras para promover una buena salud bucal y el bienestar general.

Medidas preventivas y salud bucodental
Investigaciones recientes han puesto de relieve la importancia de las medidas preventivas para mantener una salud bucodental óptima preservando el delicado equilibrio del microbioma dentro de la cavidad bucal. El uso de probióticos, en concreto cepas beneficiosas de bacterias como los lactobacilos y las bifidobacterias, ha demostrado ser prometedor para promover la salud bucodental al inhibir el crecimiento de bacterias patógenas y reducir el riesgo de caries dental y enfermedades periodontales. Además, el mantenimiento de buenas prácticas de higiene bucal, como el cepillado regular y el uso de hilo dental, puede ayudar a prevenir el crecimiento excesivo de bacterias nocivas que pueden alterar el equilibrio del microbioma. Al incorporar medidas preventivas a las rutinas diarias de cuidado bucal, las personas pueden favorecer la diversidad y estabilidad del microbioma bucal, lo que en última instancia conduce a una mejora de los resultados generales de la salud bucal. Hacer hincapié en las medidas preventivas no sólo beneficia a la salud bucodental, sino que también pone de relieve la interconexión del microbioma humano en el mantenimiento de la salud y el bienestar generales.

IX. MICROBIOMA RESPIRATORIO

El microbioma respiratorio, que representa las comunidades microbianas de los pulmones y las vías respiratorias, ha suscitado cada vez más atención por sus posibles implicaciones en la salud humana. Investigaciones recientes han revelado que el microbioma respiratorio no sólo está presente en los individuos sanos, sino que también configura la respuesta inmunitaria y la susceptibilidad a las enfermedades respiratorias. La diversidad y composición de las bacterias del tracto respiratorio contribuyen a mantener la homeostasis inmunitaria, mientras que la disbiosis en este nicho se ha relacionado con el desarrollo de afecciones respiratorias como la enfermedad pulmonar obstructiva crónica (EPOC) y el asma. Comprender las interacciones dinámicas entre el microbioma respiratorio y el huésped puede ofrecer nuevas vías de intervención terapéutica para modular las respuestas inmunitarias y mejorar la salud respiratoria. Al seguir explorando la intrincada relación entre el microbioma respiratorio y la patogénesis de las enfermedades, los investigadores pueden aprovechar potencialmente el poder de las comunidades microbianas para promover el bienestar respiratorio.

Comunidades microbianas en el tracto respiratorio

Investigaciones recientes han arrojado luz sobre las complejas comunidades microbianas que alberga el tracto respiratorio humano. Estas comunidades, compuestas por diversas bacterias, virus y hongos, desempeñan un papel importante en el mantenimiento del delicado equilibrio del sistema respiratorio. Se ha demostrado que el microbioma respiratorio interactúa con el sistema inmunitario del huésped, influyendo en la susceptibilidad a las infecciones y las enfermedades respiratorias. Además, las alteraciones en la composición de estas comunidades microbianas se han relacionado con diversas afecciones respiratorias, como el asma, la enfermedad pulmonar obstructiva crónica (EPOC) y la fibrosis quística. Al comprender la intrincada interacción entre el microbioma respiratorio y el huésped, los investigadores pueden desarrollar nuevas estrategias terapéuticas para las enfermedades respiratorias. Este campo de estudio emergente subraya la importancia de investigar el impacto de las comunidades microbianas en la salud respiratoria y destaca el potencial de las intervenciones basadas en el microbioma para mejorar los resultados de los pacientes.

Impacto en la salud respiratoria
Las pruebas sugieren que el microbioma humano ejerce un impacto significativo en la salud respiratoria. El intrincado equilibrio de bacterias beneficiosas en el tracto respiratorio desempeña un papel crucial en la protección contra los patógenos y el mantenimiento de una función inmunitaria adecuada. Cuando este equilibrio se altera, por factores como el uso de antibióticos o la exposición ambiental, puede provocar infecciones respiratorias, alergias e incluso enfermedades respiratorias crónicas. Los estudios han demostrado que las alteraciones de la composición del microbioma en los pulmones pueden contribuir al desarrollo de afecciones como el asma y la enfermedad pulmonar obstructiva crónica (EPOC). Comprender la relación entre el microbioma y la salud respiratoria es esencial para desarrollar intervenciones específicas que puedan restablecer el equilibrio y

promover el bienestar respiratorio. Explorando las complejidades del microbioma humano, los investigadores pueden descubrir nuevas estrategias para prevenir y tratar las afecciones respiratorias y, en última instancia, mejorar la salud de las personas.

Direcciones futuras en la investigación del microbioma respiratorio

Cuando miramos hacia el futuro de la investigación del microbioma respiratorio, es imperativo considerar el impacto potencial de los avances en tecnología y metodología. Con la llegada de las técnicas de secuenciación de alto rendimiento, los investigadores pueden ahora estudiar el microbioma respiratorio con mayor detalle, identificando especies bacterianas específicas y sus funciones en la salud y la enfermedad respiratorias con mayor precisión. Además, la integración de enfoques multiómicos, como la metagenómica, la metatranscriptómica y la metabolómica, puede proporcionar una comprensión más completa de las complejas interacciones dentro del microbioma respiratorio. Los esfuerzos de colaboración entre microbiólogos, inmunólogos, neumólogos y bioinformáticos serán cruciales para desentrañar las intrincadas relaciones entre el microbioma respiratorio y la inmunidad del huésped. Si se adoptan colaboraciones interdisciplinarias y estrategias de investigación innovadoras, los futuros estudios sobre el microbioma respiratorio pueden revolucionar nuestra comprensión de las enfermedades respiratorias y allanar el camino a nuevas intervenciones terapéuticas dirigidas al microbioma.

X. MICROBIOMA UROGENITAL

El microbioma urogenital, formado por los microorganismos que habitan en los tractos urinario y reproductor, ha atraído cada vez más atención por su impacto en la salud humana. Investigaciones recientes han revelado la intrincada relación entre el microbioma urogenital y diversos trastornos de salud, como las infecciones del tracto urinario, las enfermedades de transmisión sexual y la infertilidad. A pesar de que inicialmente se pensó que eran estériles, ahora se reconoce que estas regiones del cuerpo son ecosistemas complejos que albergan diversas comunidades bacterianas que interactúan con el sistema inmunitario del huésped e influyen en los procesos fisiológicos. La disbiosis en el microbioma urogenital se ha relacionado con una serie de trastornos, lo que subraya la importancia de mantener una comunidad microbiana equilibrada en estas zonas. Comprender la composición y función del microbioma urogenital es crucial para desarrollar terapias específicas que promuevan la salud y prevengan las enfermedades en estas sensibles regiones del cuerpo.

Composición e implicaciones para la salud

La investigación ha demostrado que la composición del microbioma humano tiene implicaciones de gran alcance para nuestra salud. El intrincado equilibrio bacteriano de nuestro organismo no sólo ayuda a la digestión y la absorción de nutrientes, sino que también desempeña un papel crucial en la inmunidad y la prevención de enfermedades. La disbiosis, o alteración de este delicado equilibrio, se ha relacionado con una serie de problemas de salud, como la enfermedad inflamatoria intestinal, la obesidad e incluso los trastornos mentales. Si comprendemos cómo influye la composición del microbioma en nuestra salud, podremos descubrir nuevas formas de prevenir y tratar estas enfermedades. Además, las investigaciones emergentes sugieren que la manipulación del microbioma mediante probióticos, prebióticos y trasplantes fecales puede ofrecer enfoques terapéuticos innovadores para diversos problemas de salud. A medida que seguimos profundizando en la complejidad del microbioma humano, desvelar su potencial puede revolucionar las prácticas sanitarias y mejorar los resultados de innumerables personas.

Influencia en la salud reproductiva

Las nuevas investigaciones han arrojado luz sobre la importante influencia del microbioma humano en la salud reproductiva. Se ha demostrado que la intrincada interacción entre la microbiota y el sistema reproductivo influye en la fertilidad, los resultados del embarazo e incluso el desarrollo de afecciones como la endometriosis y el síndrome de ovario poliquístico (SOP). Los estudios han demostrado que la composición de la microbiota vaginal puede influir en la probabilidad de una implantación satisfactoria y en el riesgo de parto prematuro. Además, las alteraciones del microbioma intestinal se han relacionado con desequilibrios hormonales e inflamación, que pueden tener profundos efectos en la función reproductora. Comprender el papel del microbioma en la salud reproductiva presenta oportunidades apasionantes para desarrollar herramientas de diagnóstico e intervenciones innovadoras que optimicen los resultados de la fertilidad y mejoren la salud maternoinfantil. A medida que profundizamos en esta compleja relación, aprovechar el poder del microbioma puede ser la clave para abordar una miríada de retos de la salud reproductiva.

Estrategias para controlar la salud urogenital

Investigaciones recientes han identificado varias estrategias para controlar la salud urogenital manipulando el microbioma. Una de ellas es la suplementación con probióticos, cuyo objetivo es restablecer poblaciones bacterianas sanas en el tracto urogenital. Los estudios han demostrado que determinadas cepas de lactobacilos pueden inhibir el crecimiento de bacterias patógenas, reduciendo así el riesgo de infecciones como las del tracto urinario y la vaginosis bacteriana. Otra estrategia es el uso de prebióticos, que son fibras no digeribles que favorecen el crecimiento de bacterias beneficiosas en el intestino y el tracto urogenital. Al proporcionar un entorno favorable para que prosperen las bacterias buenas, los prebióticos pueden ayudar a mantener un equilibrio microbiano saludable y evitar el crecimiento excesivo de especies nocivas. Además, se están desarrollando terapias personalizadas basadas en el microbioma para tratar desequilibrios específicos de la microbiota urogenital, ofreciendo un enfoque a medida para tratar la salud urogenital. Estas estrategias innovadoras son prometedoras para mejorar los resultados de la salud urogenital y prevenir las complicaciones asociadas.

XI. MICROBIOMA Y SÍNDROME METABÓLICO

Las investigaciones emergentes sugieren una fuerte conexión entre el microbioma humano y el síndrome metabólico, un conjunto de afecciones que aumentan el riesgo de enfermedad cardiaca, ictus y diabetes. Se ha descubierto que el microbioma, formado por billones de bacterias que residen en el intestino, desempeña un papel fundamental en la regulación del metabolismo y la inflamación. La disbiosis, un desequilibrio de la flora intestinal, se ha relacionado con el desarrollo del síndrome metabólico, ya que determinadas bacterias pueden favorecer la inflamación y la resistencia a la insulina. Los probióticos y los prebióticos han demostrado ser prometedores para reequilibrar el microbioma y mejorar la salud metabólica. Además, las intervenciones dietéticas, como los alimentos ricos en fibra y los productos fermentados, pueden influir positivamente en la composición de las bacterias intestinales y las funciones metabólicas. Comprender la intrincada danza entre el microbioma y el síndrome metabólico abre nuevas posibilidades de intervenciones terapéuticas y estrategias preventivas en el manejo de esta compleja afección.

Influencia en la obesidad y la diabetes
Investigaciones recientes han demostrado una correlación significativa entre la composición del microbioma humano y la prevalencia de la obesidad y la diabetes. Los estudios han demostrado que los individuos con una mayor proporción de Firmicutes frente a Bacteroidetes en su microbiota intestinal tienen más probabilidades de ser obesos. Estas bacterias intervienen en la

extracción de energía de los alimentos y su almacenamiento en forma de grasa. Además, se han relacionado cepas específicas de bacterias intestinales con la resistencia a la insulina y la inflamación, dos factores clave en el desarrollo de la diabetes. El microbioma puede influir en los procesos metabólicos y en las respuestas inmunitarias, afectando en última instancia a la susceptibilidad a estas enfermedades crónicas. Comprender la intrincada relación entre el microbioma y la obesidad y la diabetes ofrece nuevas vías para las intervenciones terapéuticas, como los probióticos y las intervenciones dietéticas dirigidas a modular la microbiota intestinal para mejorar la salud metabólica. Al dirigirse al microbioma, las estrategias de tratamiento personalizadas podrían ayudar a mitigar la creciente carga de obesidad y diabetes en las sociedades modernas.

Mecanismos que relacionan el microbioma con el metabolismo

Aunque aún se están dilucidando los mecanismos específicos que relacionan el microbioma con el metabolismo, se han identificado varias vías clave. Una interacción crucial es la producción de ácidos grasos de cadena corta (AGCC) por la microbiota intestinal, que puede influir directamente en el metabolismo del huésped sirviendo como fuente de energía para los colonocitos y afectando al metabolismo de los lípidos y la glucosa. Además, el microbioma intestinal puede modular el metabolismo de los ácidos biliares, que desempeña un papel fundamental en la digestión y absorción de lípidos. Además, se ha demostrado que ciertas bacterias intestinales influyen en la producción de neurotransmisores como la serotonina y el ácido gamma-aminobutírico (GABA), que pueden influir en el apetito y la ingesta de alimentos. Estas intrincadas interacciones ponen de relieve la complejidad del eje microbioma-metabolismo y subrayan la importancia de seguir investigando en este campo para comprender mejor cómo puede utilizarse potencialmente la manipulación del microbioma para mejorar la salud metabólica.

Estrategias de intervención

Al considerar las estrategias de intervención para modelar el microbioma humano, es imperativo reconocer la complejidad y diversidad de las comunidades microbianas que residen en el organismo. Por ello, un enfoque personalizado adaptado a la composición microbiana única de cada individuo puede resultar más eficaz. Utilizar probióticos o prebióticos específicos que favorezcan el crecimiento de bacterias beneficiosas e inhiban al mismo tiempo los patógenos nocivos podría ser una estrategia de intervención prometedora. Además, las modificaciones dietéticas que promueven un microbioma diverso y sano, como el aumento de la ingesta de fibra o el consumo de alimentos fermentados, pueden ofrecer beneficios a largo plazo para la salud general. Aplicar cambios en el estilo de vida, como técnicas de reducción del estrés o ejercicio regular, también puede influir positivamente en el microbioma. Junto con los tratamientos médicos tradicionales, estas estrategias de intervención tienen el potencial no sólo de optimizar el equilibrio microbiano, sino también de mejorar la función inmunitaria y mitigar diversas afecciones de salud asociadas a la disbiosis.

XII. MICROBIOMA Y SALUD CARDIOVASCULAR

La influencia del microbioma en la salud cardiovascular ha sido objeto de creciente atención en los últimos años. Las investigaciones indican que las alteraciones en la composición de las bacterias intestinales pueden provocar inflamación sistémica, un factor clave en el desarrollo de enfermedades cardiovasculares. La intrincada interacción entre el microbioma y el sistema inmunitario desempeña un papel vital en este proceso, ya que determinadas especies bacterianas promueven o mitigan la inflamación. Por ejemplo, la abundancia de bacterias beneficiosas como el Lactobacillus y el Bifidobacterium se ha asociado a un menor riesgo de episodios cardiovasculares. Por otra parte, un crecimiento excesivo de bacterias nocivas como Prevotella y Desulfovibrio puede contribuir a la inflamación y la aterosclerosis. Comprender la compleja relación entre el microbioma y la salud cardiovascular ofrece interesantes posibilidades de intervenciones selectivas y tratamientos personalizados, allanando el camino para enfoques innovadores de gestión y prevención de las enfermedades cardiovasculares.

Impacto en las enfermedades cardiacas

La intrincada relación entre el microbioma humano y las enfermedades cardiacas ha suscitado una gran atención en los últimos años. Las investigaciones sugieren que la composición de las bacterias intestinales puede influir en diversos factores de riesgo de enfermedades cardiacas, como la obesidad, la inflamación y los niveles de colesterol. Al producir metabolitos que interactúan con nuestro sistema inmunitario y modulan la inflamación, las bacterias intestinales desempeñan un papel crucial en el desarrollo y la progresión de las afecciones cardiovasculares. Además, ciertas cepas de bacterias se han relacionado con la aterosclerosis, uno de los principales factores que contribuyen a las enfermedades cardiacas. Comprender el impacto del microbioma en la salud cardiaca abre nuevas posibilidades de intervenciones terapéuticas centradas en promover una comunidad microbiana equilibrada y diversa. Si aprovechamos el potencial del microbioma, podremos desarrollar estrategias innovadoras para prevenir y tratar las enfermedades cardiacas, mejorando en última instancia la salud y el bienestar generales de las personas.

Mecanismos de influencia
A medida que exploramos los mecanismos de influencia que las bacterias del microbioma humano ejercen sobre nuestra salud, se hace evidente que sus interacciones van mucho más allá del intestino. Estos microorganismos producen una plétora de metabolitos que pueden influir directamente en diversos procesos fisiológicos de todo el organismo, desde la función inmunitaria hasta la actividad neurológica. Mediante la producción de ácidos grasos de cadena corta, por ejemplo, las bacterias intestinales pueden modular la respuesta inmunitaria, influyendo en los niveles de inflamación y contribuyendo al mantenimiento de la salud general. Además, se ha descubierto que ciertas cepas de bacterias producen neurotransmisores y otros compuestos neuroactivos, que pueden afectar al estado de ánimo y a la función cognitiva. Al comprender la compleja red de interacciones

entre nuestro microbioma y diversos sistemas corporales, podemos aprovechar el potencial de estas bacterias para promover la salud y prevenir la enfermedad. Los intrincados mecanismos por los que nuestro microbioma ejerce su influencia subrayan la importancia de seguir investigando para descubrir todo el alcance de su impacto en la salud humana.

Potencial de las intervenciones terapéuticas
En conclusión, el potencial de las intervenciones terapéuticas dirigidas al microbioma humano es muy prometedor para el futuro de la medicina. Al comprender la intrincada relación entre la microbiota y nuestra salud, los investigadores y los profesionales sanitarios pueden desarrollar tratamientos innovadores dirigidos a poblaciones bacterianas específicas para restablecer el equilibrio y prevenir enfermedades. Estas intervenciones pueden ir desde los probióticos y prebióticos hasta el trasplante de microbiota fecal y la edición de precisión del microbioma. La diversidad y complejidad del microbioma humano requieren enfoques adaptados y personalizados para abordar eficazmente las necesidades sanitarias individuales. A medida que sigamos desentrañando los misterios del microbioma, el desarrollo de intervenciones terapéuticas específicas revolucionará la forma en que abordamos la medicina preventiva y curativa, ofreciendo nuevas esperanzas a los pacientes que sufren una amplia gama de afecciones. En última instancia, aprovechar el poder del microbioma humano tiene el potencial de transformar la asistencia sanitaria y mejorar los resultados para millones de personas en todo el mundo.

XIII. MICROBIOMA Y SALUD MENTAL

Las nuevas investigaciones han aportado pruebas convincentes de la intrincada conexión entre el microbioma y la salud mental. La microbiota intestinal humana, en particular, se ha visto implicada en diversos trastornos de la salud mental, como la ansiedad, la depresión e incluso los trastornos neurodegenerativos. La comunicación bidireccional entre el intestino y el cerebro, conocida como eje intestino-cerebro, pone de relieve el papel crucial de la microbiota intestinal en la modulación de las funciones neurológicas y el comportamiento. Mediante la producción de neurotransmisores, como la serotonina y la dopamina, las bacterias intestinales influyen en el estado de ánimo, la cognición y la respuesta al estrés. La disbiosis, un desequilibrio en la composición de la microbiota intestinal, se ha asociado a trastornos de la salud mental, lo que subraya aún más la importancia de mantener una comunidad microbiana diversa y sana. Comprender la intrincada interacción entre el microbioma y la salud mental abre nuevas vías para las intervenciones terapéuticas, destacando el potencial de dirigirse a la microbiota intestinal para el tratamiento y la prevención de los trastornos mentales.

Concepto del eje intestino-cerebro

En los últimos años, el concepto del eje intestino-cerebro ha ganado una atención significativa en el campo de la investigación del microbioma. Este intrincado sistema de comunicación bidireccional entre el intestino y el cerebro implica una compleja red de neuronas, células inmunitarias, hormonas y neurotransmisores. La microbiota intestinal, compuesta por billones de bacterias que residen en el tracto gastrointestinal, desempeña un papel crucial en la modulación de este eje. Estas bacterias producen diversos metabolitos y moléculas de señalización que pueden influir en las vías neuronales, inmunitarias y endocrinas, lo que en última instancia repercute en la función cerebral y el comportamiento. Los estudios han demostrado que las alteraciones en la composición de la microbiota intestinal, conocidas como disbiosis, pueden contribuir al desarrollo de trastornos neurológicos, trastornos del estado de ánimo y alteraciones cognitivas. Comprender los mecanismos subyacentes al eje intestino-cerebro puede aportar valiosas ideas sobre posibles estrategias terapéuticas para tratar una amplia gama de afecciones que van más allá del intestino.

El papel del microbioma en los trastornos mentales
En los últimos años se ha reconocido cada vez más la intrincada interacción entre el microbioma humano y la salud mental. La investigación ha revelado un sistema de comunicación bidireccional entre la microbiota intestinal y el cerebro, conocido como eje intestino-cerebro, que influye en diversos procesos fisiológicos, como el estado de ánimo, la cognición y el comportamiento. La disbiosis, o desequilibrio en la composición de las bacterias intestinales, se ha relacionado con el desarrollo de trastornos mentales como la depresión, la ansiedad e incluso enfermedades neurodegenerativas. Se cree que el microbioma influye en la salud mental a través de varios mecanismos, como la producción de neurotransmisores, la modulación del sistema inmunitario y la regulación de la inflamación. Comprender el papel del microbioma en los trastornos mentales ofrece nuevas vías para las intervenciones terapéuticas, como los probióticos, los prebióticos y las modificaciones dietéticas, que se dirigen al eje

intestino-cerebro para promover el bienestar mental. Es esencial realizar más estudios que exploren esta compleja relación para avanzar en nuestra comprensión y tratamiento de los trastornos mentales.

Probióticos y tratamientos de salud mental
Las nuevas investigaciones han arrojado luz sobre el potencial de los probióticos como enfoque novedoso para los tratamientos de la salud mental. Los probióticos, que antes se asociaban principalmente con la salud intestinal, ahora se reconocen por su impacto en el eje intestino-cerebro y en la comunicación entre el microbioma y el cerebro. Los estudios han demostrado que determinadas cepas de bacterias beneficiosas pueden ejercer efectos positivos sobre el estado de ánimo, la ansiedad e incluso la función cognitiva. Al modular la microbiota intestinal, los probióticos pueden influir en la producción de neurotransmisores como la serotonina y el ácido gamma-aminobutírico (GABA), que desempeñan papeles clave en la regulación del estado de ánimo y las respuestas al estrés. Además, los probióticos se han investigado por sus propiedades antiinflamatorias, ya que la disbiosis intestinal y la inflamación se han relacionado con diversos trastornos de la salud mental. La incorporación de probióticos a los tratamientos de salud mental podría ofrecer una vía prometedora para mejorar los síntomas y aumentar el bienestar general. Hay que seguir investigando para dilucidar los mecanismos específicos por los que los probióticos ejercen sus efectos sobre la salud mental y optimizar su potencial terapéutico.

XIV. MICROBIOMA Y CÁNCER

Estudios recientes han arrojado luz sobre la intrincada relación entre el microbioma humano y el cáncer. Se ha descubierto que el microbioma, formado por billones de bacterias que residen en el organismo, desempeña un papel importante en el desarrollo y la progresión de varios tipos de cáncer. La disbiosis, un desequilibrio en la comunidad microbiana, se ha relacionado con el aumento de la inflamación y la desregulación inmunitaria, factores ambos que se sabe que contribuyen a la carcinogénesis. Además, se ha identificado que ciertas bacterias promueven o suprimen el crecimiento tumoral mediante mecanismos como la alteración del microambiente, la influencia en las respuestas inmunitarias del huésped o la producción de metabolitos que influyen en el comportamiento de las células cancerosas. La comprensión de las complejas interacciones entre el microbioma y el cáncer puede allanar el camino a nuevas estrategias terapéuticas, como dirigirse a bacterias específicas o modular el microbioma para aumentar la eficacia del tratamiento y mejorar los resultados de los pacientes. A medida que avanza la investigación en este campo, aprovechar el potencial del microbioma en el tratamiento del cáncer es muy prometedor para la medicina personalizada y la mejora de la atención al paciente.

Influencia en el desarrollo del cáncer
Las nuevas investigaciones han puesto de relieve la importante influencia del microbioma humano en el desarrollo y la progresión del cáncer. La intrincada interacción entre la microbiota y el sistema inmunitario del huésped puede promover o inhibir la tumorigénesis. La disbiosis, se ha relacionado con la inflamación

crónica, que es un factor clave en la carcinogénesis. Se han identificado especies bacterianas específicas como culpables potenciales de la patogénesis de varios cánceres al producir genotoxinas, promover la proliferación celular o modular la respuesta inmunitaria para favorecer el crecimiento tumoral. A la inversa, ciertas bacterias beneficiosas pueden potenciar las respuestas inmunitarias antitumorales y producir metabolitos que inhiben el crecimiento de las células tumorales. Comprender la compleja relación entre el microbioma y el desarrollo del cáncer es crucial para desarrollar estrategias terapéuticas novedosas que manipulen la microbiota para prevenir o tratar eficazmente el cáncer. Seguir investigando en este campo es muy prometedor para revolucionar el tratamiento del cáncer y mejorar los resultados de los pacientes.

El microbioma como herramienta de diagnóstico

Los recientes avances en el campo de la investigación del microbioma han arrojado luz sobre el potencial de utilizar el microbioma humano como herramienta de diagnóstico. Analizando la composición y diversidad de las bacterias que residen en diversas partes del cuerpo, los investigadores pueden identificar patrones específicos o disbiosis que pueden ser indicativos de ciertas enfermedades o afecciones. Por ejemplo, las alteraciones de la microbiota intestinal se han asociado a enfermedades inflamatorias intestinales, obesidad e incluso trastornos neurológicos. Mediante el uso de técnicas de secuenciación de alto rendimiento y sofisticadas herramientas bioinformáticas, los científicos pueden ahora perfilar el microbioma con una precisión y resolución sin precedentes. Esta riqueza de información es prometedora para desarrollar métodos de diagnóstico personalizados que no sólo no sean invasivos, sino también muy sensibles y específicos. A medida que seguimos desentrañando la intrincada relación entre el microbioma y la salud humana, las posibilidades de utilizar las bacterias como biomarcadores para la detección y el seguimiento de enfermedades son cada vez más convincentes.

Terapias dirigidas al microbioma
La investigación emergente en el campo del microbioma humano ha puesto de relieve el potencial de las terapias dirigidas al microbioma para revolucionar la asistencia sanitaria. Al centrarse en la manipulación de la composición de la microbiota, estas terapias pretenden restablecer el equilibrio y promover la salud. Un enfoque prometedor implica el uso de prebióticos, probióticos y simbióticos para potenciar el crecimiento de bacterias beneficiosas y suprimir los microbios patógenos del intestino. Estas intervenciones pueden ayudar a mejorar la salud gastrointestinal, modular las respuestas inmunitarias e incluso influir en el bienestar mental. Además, los avances en la medicina de precisión han permitido el desarrollo de tratamientos personalizados basados en el microbioma y adaptados al perfil microbiano único de cada persona. Al aprovechar el poder del microbioma, los investigadores están allanando el camino para estrategias terapéuticas innovadoras que tienen el potencial de transformar el panorama de la medicina moderna. A medida que seguimos desentrañando las complejidades del microbioma humano, la perspectiva de terapias dirigidas al microbioma ofrece nuevas vías para mejorar la salud humana y combatir una serie de enfermedades.

XV. MICROBIOMA Y ENVEJECIMIENTO

Recientes investigaciones científicas han arrojado luz sobre la intrincada relación entre el microbioma humano y el proceso de envejecimiento. A medida que las personas envejecen, se producen cambios en la composición y diversidad de la microbiota que reside en nuestros cuerpos, lo que puede tener implicaciones significativas para los resultados de salud. El papel del microbioma en la modulación de la inflamación, la absorción de nutrientes, el metabolismo y la función inmunitaria se vuelve cada vez más crucial a medida que envejecemos. Con el avance de la edad, se produce una disminución de la diversidad y la estabilidad microbianas, lo que conduce a un desequilibrio del ecosistema intestinal conocido como disbiosis. Este estado disbiótico se ha relacionado con varias enfermedades relacionadas con la edad, como las cardiovasculares, el deterioro cognitivo y la fragilidad. Comprender la dinámica del microbioma en el contexto del envejecimiento es prometedor para desarrollar intervenciones dirigidas a promover un envejecimiento saludable y mejorar el bienestar general. Al dilucidar los mecanismos a través de los cuales el microbioma influye en el proceso de envejecimiento, podemos aprovechar potencialmente el potencial terapéutico de las intervenciones dirigidas a la microbiota para mejorar la esperanza de vida y la longevidad.

Cambios en el microbioma a lo largo de la vida
El microbioma humano experimenta cambios dinámicos a lo largo de la vida, influido por diversos factores como la dieta, el medio ambiente, la genética y el envejecimiento. En los primeros

años de vida, el microbioma se establece a través de las interacciones con la madre durante el parto y la lactancia, dando forma a la composición y diversidad de las comunidades microbianas del intestino. A medida que los individuos envejecen, el microbioma sigue evolucionando, con fluctuaciones en la composición y función bacterianas. Estos cambios pueden repercutir en la salud, ya que las alteraciones del microbioma se han relacionado con diversas enfermedades y afecciones, como la obesidad, los trastornos autoinmunitarios y los trastornos metabólicos. Comprender la trayectoria de los cambios del microbioma a lo largo de la vida es esencial para desarrollar enfoques personalizados para mantener un microbioma sano y promover el bienestar general. Al dilucidar estos patrones, los investigadores pueden descubrir estrategias para apoyar la diversidad y el equilibrio microbianos en las distintas etapas de la vida, mitigando potencialmente el riesgo de enfermedad y optimizando los resultados de salud.

Impacto en las enfermedades relacionadas con la edad
Las nuevas investigaciones sugieren que el microbioma humano puede tener un impacto significativo en las enfermedades relacionadas con la edad. A medida que las personas envejecen, los cambios en la composición del microbioma pueden provocar disbiosis, que se asocia a diversos problemas de salud. La microbiota intestinal, en particular, desempeña un papel crucial en la regulación de la inflamación, la función metabólica y las respuestas inmunitarias, todos ellos factores clave en el desarrollo de enfermedades relacionadas con la edad, como la diabetes, las enfermedades cardiovasculares y los trastornos neurodege-

nerativos. Manteniendo un equilibrio saludable de bacterias beneficiosas en el intestino, puede ser posible mitigar el riesgo de estas afecciones y promover un envejecimiento saludable. Comprender la intrincada relación entre el microbioma y las enfermedades relacionadas con la edad podría allanar el camino a intervenciones terapéuticas innovadoras dirigidas a la microbiota para prevenir o tratar eficazmente estas afecciones. Esto pone de relieve la importancia de seguir investigando en este campo para desentrañar todo el alcance del impacto del microbioma en el envejecimiento y la enfermedad.

Posibles intervenciones para promover un envejecimiento saludable

Al considerar posibles intervenciones para promover un envejecimiento saludable, una vía prometedora reside en la manipulación del microbioma intestinal. La composición y diversidad de las bacterias intestinales se han relacionado con una serie de afecciones relacionadas con la edad, desde el deterioro cognitivo hasta la inflamación y los trastornos metabólicos. Modulando la microbiota intestinal mediante intervenciones dietéticas, como el consumo de prebióticos, probióticos y alimentos fermentados, puede ser posible promover un equilibrio más saludable de las bacterias intestinales y reducir el riesgo de enfermedades relacionadas con la edad. Además de la dieta, factores como la actividad física, la gestión del estrés y los patrones de sueño también pueden influir en el microbioma intestinal y contribuir a un envejecimiento saludable. Estas intervenciones ofrecen un enfoque holístico para promover el bienestar en los adultos mayores, abordando la intrincada relación entre la salud intestinal y la función fisiológica general. A medida que sigue evolucionando nuestro conocimiento del microbioma humano, las intervenciones dirigidas a favorecer un envejecimiento saludable a través de la salud intestinal pueden ser prometedoras para mejorar la calidad de vida de las poblaciones que envejecen.

XVI. MICROBIOMA PEDIÁTRICO Y DESARROLLO

El desarrollo del microbioma pediátrico es un aspecto crítico de la salud y el bienestar en la primera infancia. Durante los primeros años de vida, el microbioma intestinal experimenta cambios significativos, influidos por factores como la dieta, la genética y las exposiciones ambientales. Estas comunidades microbianas tempranas desempeñan un papel crucial en la formación del sistema inmunitario y los procesos metabólicos, lo que repercute en los resultados de salud a largo plazo. La investigación ha demostrado que las alteraciones del microbioma pediátrico pueden provocar diversos problemas de salud, como alergias, obesidad y enfermedades autoinmunes. Comprender los entresijos de cómo evoluciona el microbioma en la primera infancia es esencial para desarrollar intervenciones que promuevan una salud óptima y prevengan enfermedades en etapas posteriores de la vida. Al explorar la relación dinámica entre el microbioma pediátrico y el desarrollo, podemos descubrir nuevos conocimientos sobre la compleja interacción entre las bacterias del organismo y la salud humana. Este conocimiento puede conducir en última instancia a estrategias personalizadas para apoyar la salud del microbioma y mejorar el bienestar general desde la infancia hasta la edad adulta.

Establecimiento del microbioma en la infancia
Cuando los bebés pasan del entorno estéril del útero al mundo exterior, comienza en serio la colonización de su microbioma. Durante el parto, la primera exposición del bebé a los microbios se produce a través del canal del parto de la madre o durante

una cesárea, lo que influye en la composición inicial de su microbiota intestinal. Posteriormente, las prácticas alimentarias, ya sea leche materna o artificial, moldean aún más el microbioma al proporcionar nutrientes específicos que promueven el crecimiento de especies bacterianas beneficiosas. El establecimiento de un microbioma diverso y resistente en la infancia es crucial para el desarrollo de la tolerancia inmunitaria, las funciones metabólicas y la salud general en etapas posteriores de la vida. En particular, las alteraciones en la colonización temprana del microbioma se han relacionado con diversas afecciones, lo que subraya la importancia de comprender y apoyar el establecimiento de un microbioma sano desde la infancia.

Impacto en el desarrollo y la salud infantil
Un área significativa en la que el microbioma humano ejerce un impacto pronunciado es en el desarrollo y la salud infantil. Durante los primeros años de vida, la colonización del intestino por diversas especies bacterianas desempeña un papel crucial en la formación del sistema inmunitario y los procesos metabólicos. Las alteraciones de este proceso, debidas a factores como el parto por cesárea, la alimentación con leche artificial o el uso de antibióticos, pueden tener efectos duraderos en la salud del niño. Las investigaciones han demostrado que las alteraciones de la composición de la microbiota intestinal en la infancia se han asociado a un mayor riesgo de diversas afecciones, como alergias, asma, obesidad e incluso trastornos neurológicos. Además, la interacción entre el microbioma intestinal y el cerebro en desarrollo ha sido un tema de creciente interés, con estudios que sugieren que las alteraciones del eje intestino-cerebro pueden contribuir a problemas de salud mental en los niños. Por

tanto, comprender el papel del microbioma humano en el desarrollo infantil es esencial para promover unos resultados de salud óptimos en los primeros años de vida.

Estrategias para optimizar la salud pediátrica
Las nuevas investigaciones sugieren que optimizar la salud pediátrica implica un enfoque polifacético que va más allá de las intervenciones médicas tradicionales. Una estrategia eficaz es centrarse en promover un microbioma sano en los niños. Esto puede hacerse por diversos medios, como fomentar la lactancia materna, que proporciona nutrientes esenciales para que prosperen las bacterias intestinales beneficiosas. Además, evitar los antibióticos innecesarios en la primera infancia puede ayudar a preservar el delicado equilibrio de los microbios del organismo. Por otra parte, incorporar una gama diversa de frutas, verduras y cereales integrales a la dieta del niño puede favorecer un microbioma sano. También se ha demostrado que la actividad física y el juego al aire libre influyen positivamente en la salud intestinal. Aplicando estas estrategias, los cuidadores y los profesionales sanitarios pueden favorecer el desarrollo de un microbioma robusto en los niños, lo que es crucial para su salud y bienestar generales.

XVII. DIETA Y MICROBIOMA

Investigaciones recientes han arrojado luz sobre la intrincada relación entre la dieta y el microbioma, destacando el importante impacto de las elecciones alimentarias en la composición y función de nuestras bacterias intestinales. Concretamente, se ha relacionado una dieta rica en fibra con un microbioma diverso y sano, que favorece el crecimiento de bacterias intestinales beneficiosas que pueden ayudar a regular la inflamación y mejorar la salud digestiva general. Por el contrario, se ha demostrado que una dieta rica en grasas saturadas y azúcares altera el microbioma de un modo que favorece la inflamación y contribuye a enfermedades crónicas como la obesidad y la diabetes. Al comprender cómo afectan los distintos tipos de alimentos al microbioma, podemos tomar decisiones dietéticas informadas que favorezcan un equilibrio más saludable de las bacterias intestinales y reduzcan potencialmente el riesgo de diversas afecciones de salud. Esto pone de relieve la importancia de considerar la dieta como un factor clave para mantener un microbioma próspero y, en última instancia, optimizar nuestra salud y bienestar generales.

Efectos de las elecciones alimentarias
Los efectos de las elecciones alimentarias sobre el microbioma humano son profundos y de gran alcance. La investigación ha demostrado que los alimentos que consumimos a diario tienen un impacto directo en la composición y diversidad de nuestras bacterias intestinales. Una dieta rica en alimentos procesados, azúcar y grasas saturadas se ha relacionado con un desequilibrio de la microbiota intestinal, que puede provocar una serie

de problemas de salud como obesidad, diabetes y enfermedades inflamatorias intestinales. Por otra parte, una dieta rica en frutas, verduras, cereales integrales y proteínas magras favorece el crecimiento de bacterias beneficiosas en el intestino, lo que a su vez puede mejorar la digestión, aumentar la inmunidad y reducir el riesgo de enfermedades crónicas. Por tanto, tomar decisiones dietéticas informadas es esencial para mantener un microbioma sano y el bienestar general. Prestando atención a lo que comemos, podemos influir positivamente en el delicado equilibrio de las bacterias de nuestro organismo y favorecer una salud óptima.

Modulación del microbioma basada en la dieta

Numerosos estudios han demostrado que la dieta desempeña un papel crucial en la conformación de la composición y la función del microbioma intestinal. Mediante un proceso denominado modulación basada en la dieta, componentes dietéticos específicos pueden promover el crecimiento de bacterias beneficiosas e inhibir la proliferación de microbios perjudiciales. Por ejemplo, una dieta rica en fibra se ha relacionado con un aumento de la abundancia de bacterias beneficiosas como las Bifidobacterias y los Lactobacilos, conocidos por sus efectos beneficiosos para la salud del huésped. Por el contrario, las dietas ricas en grasas saturadas y azúcares se han asociado a una disminución de la diversidad bacteriana y a un crecimiento excesivo de especies potencialmente patógenas. Estos hallazgos ponen de relieve la intrincada interacción entre la dieta y el microbioma, subrayando la importancia de las intervenciones dietéticas como medio de modular las comunidades microbianas para promover la salud general y prevenir enfermedades. Al comprender cómo influyen los distintos componentes de la dieta en el microbioma, pueden desarrollarse estrategias dietéticas personalizadas para optimizar la diversidad y la función microbianas, lo que en última instancia conduce a una mejora de los resultados sanitarios.

Recomendaciones para dietas respetuosas con el microbioma

Es esencial tener en cuenta varias recomendaciones para incorporar dietas respetuosas con el microbioma a la vida cotidiana. En primer lugar, las personas deben dar prioridad a una ingesta diversa y equilibrada de alimentos ricos en fibra, ya que se sabe que favorecen un microbioma intestinal sano. Alimentos como la fruta, la verdura, los cereales integrales y las legumbres pueden favorecer el crecimiento de bacterias beneficiosas en el intestino. Además, incorporar alimentos fermentados a la dieta, como el yogur, el kéfir y el chucrut, puede introducir probióticos que contribuyen a un microbioma diverso. Además, es crucial reducir el consumo de alimentos procesados y azúcares añadidos, ya que pueden influir negativamente en la diversidad y composición del microbioma intestinal. En general, una dieta rica en alimentos integrales de origen vegetal, combinada con opciones ricas en probióticos, puede ayudar a mantener un microbioma sano y favorecer la salud y el bienestar generales. Siguiendo estas recomendaciones, las personas pueden cultivar una dieta favorable para el microbioma que promueva un equilibrio y una función microbianos óptimos en el organismo.

XVIII. ANTIBIÓTICOS Y MICROBIOMA

Está bien establecido que los antibióticos desempeñan un papel vital para combatir las infecciones bacterianas y salvar vidas. Sin embargo, su uso puede tener consecuencias importantes en el delicado equilibrio del microbioma humano. El microbioma, formado por billones de bacterias que residen en nuestro cuerpo, desempeña un papel crucial en el mantenimiento de nuestra salud, ayudando en la digestión, regulando el sistema inmunitario e incluso influyendo en la salud mental. Cuando se introducen antibióticos en el sistema, no discriminan entre las bacterias nocivas que causan infecciones y las bacterias beneficiosas esenciales para nuestro bienestar. Esta destrucción indiscriminada puede provocar alteraciones en el microbioma, con efectos duraderos en la salud general. Además, el uso excesivo de antibióticos se ha relacionado con el aumento de bacterias resistentes a los antibióticos, lo que supone una grave amenaza para la salud pública. Por tanto, es imperativo que los profesionales sanitarios tengan en cuenta el impacto de los antibióticos en el microbioma y los utilicen con criterio para preservar este intrincado ecosistema que llevamos dentro.

Impacto del uso de antibióticos
Uno de los principales efectos del uso de antibióticos en el microbioma humano es la alteración que causa en el delicado equilibrio de las comunidades microbianas del organismo. Los antibióticos están diseñados para atacar y destruir las bacterias nocivas, pero en el proceso también eliminan indiscriminadamente las bacterias beneficiosas que son esenciales para man-

tener nuestra salud. Esta alteración puede dar lugar a una enfermedad conocida como disbiosis, en la que las bacterias nocivas pueden proliferar en exceso y causar diversos problemas de salud. Además, el uso repetido o prolongado de antibióticos puede provocar resistencia a los mismos, lo que dificulta el tratamiento de las infecciones bacterianas en el futuro. A medida que profundizamos en nuestro conocimiento del microbioma humano, resulta cada vez más evidente que preservar la diversidad y el equilibrio de nuestras poblaciones microbianas es crucial para nuestro bienestar general. Por tanto, es importante utilizar los antibióticos con criterio y explorar estrategias alternativas para proteger y apoyar la salud de nuestro microbioma.

Estrategias para mitigar los efectos negativos

Teniendo en cuenta el importante impacto del microbioma humano en nuestra salud, es crucial explorar estrategias eficaces para mitigar cualquier efecto negativo derivado de desequilibrios en las poblaciones bacterianas. Una de estas estrategias consiste en la suplementación con probióticos, que introducen bacterias beneficiosas en el intestino para restablecer el equilibrio microbiano. Al promover el crecimiento de estos microbios útiles, los probióticos pueden ayudar a combatir los patógenos nocivos y reducir la inflamación del organismo. Además, la dieta desempeña un papel clave en la formación de la composición del microbioma, por lo que intervenciones dietéticas como el aumento de la ingesta de fibra y el consumo de alimentos fermentados pueden favorecer una comunidad bacteriana diversa y sana. Otro enfoque importante es el uso de prebióticos, que proporcionan el alimento necesario para que prosperen las bacterias beneficiosas. Aplicando estas estrategias, podemos trabajar activamente para mantener un microbioma armonioso y salvaguardar nuestra salud y bienestar generales.

Futuro de las políticas antibióticas

El futuro de las políticas antibióticas será crucial para preservar la eficacia de estos medicamentos esenciales en la lucha contra las infecciones bacterianas. Como la resistencia a los antibióticos sigue aumentando, y algunas cepas se están volviendo resistentes a múltiples antibióticos, existe una necesidad acuciante de un esfuerzo de colaboración mundial para hacer frente a esta amenaza para la salud pública. Un enfoque podría consistir en aplicar normativas más estrictas sobre el uso de antibióticos en la agricultura para reducir la propagación de bacterias resistentes a través de las fuentes de alimentos. En los entornos sanitarios, promover programas de administración de antibióticos que fomenten un uso juicioso de estos medicamentos puede ayudar a prevenir la aparición de resistencias. Además, invertir en investigación y desarrollo de nuevos agentes antibióticos y tratamientos alternativos, como la terapia con fagos o la inmunoterapia, será esencial para adelantarse a los mecanismos de resistencia bacteriana en evolución. En última instancia, es imprescindible un enfoque global y polifacético de las políticas antibióticas para garantizar la eficacia continuada de estos medicamentos que salvan vidas.

XIX. TRASPLANTE DE MICROBIOTA FECAL

Los recientes avances en el campo de la microbiología han arrojado luz sobre los beneficios potenciales del Trasplante de Microbiota Fecal (TFM) en el tratamiento de diversos trastornos gastrointestinales. El TFM consiste en transferir materia fecal de un donante sano a un receptor para restablecer un equilibrio saludable de bacterias intestinales. Este procedimiento ha dado resultados prometedores en el tratamiento de afecciones como la infección por Clostridium difficile, la enfermedad inflamatoria intestinal y el síndrome del intestino irritable. Al introducir una gama diversa de microbios beneficiosos en el intestino del receptor, el TFM puede ayudar a reequilibrar la microbiota y promover un entorno intestinal sano. Aunque el TFM sigue considerándose un enfoque terapéutico novedoso, la investigación en curso está descubriendo sus posibles aplicaciones más allá de los trastornos gastrointestinales, incluido su papel en la modulación del sistema inmunitario y la salud metabólica. A medida que sigue profundizándose nuestro conocimiento del microbioma humano, la FMT es muy prometedora como intervención terapéutica con implicaciones de gran alcance para la salud y el bienestar humanos.

Principios y procedimientos

Los Principios y Procedimientos que rigen la investigación sobre el microbioma humano son esenciales para avanzar en nuestra comprensión de cómo influyen las bacterias en nuestra salud. Siguiendo metodologías científicas rigurosas y directrices éticas, los investigadores pueden descubrir las intrincadas relaciones entre las comunidades microbianas y el cuerpo humano. Mediante la aplicación de tecnologías de vanguardia como la metagenómica y la bioinformática, los científicos pueden descifrar la composición genética de estos microorganismos e identificar sus funciones dentro del huésped. Estos enfoques aportan conocimientos inestimables sobre la compleja interacción entre la microbiota y las células del huésped, arrojando luz sobre los mecanismos subyacentes a diversas enfermedades y estados de salud. Además, los protocolos estandarizados de recogida, procesamiento y análisis de muestras garantizan la reproducibilidad de los resultados, lo que permite realizar comparaciones sólidas entre los distintos estudios. Respetando estos principios y procedimientos, los investigadores pueden allanar el camino a intervenciones y terapias personalizadas que aprovechen el poder del microbioma humano para mejorar los resultados sanitarios.

Aplicaciones clínicas
En el ámbito de las aplicaciones clínicas, el estudio del microbioma humano ofrece un gran potencial para avanzar en el tratamiento médico y la atención sanitaria personalizada. Los investigadores están estudiando cómo puede influir el microbioma en el metabolismo de los fármacos, la función del sistema inmunitario e incluso la salud mental. Al comprender la intrincada interacción entre los habitantes microbianos del cuerpo y diversos procesos fisiológicos, los profesionales sanitarios pueden desarrollar intervenciones específicas para tratar con mayor eficacia una amplia gama de afecciones. Por ejemplo, la manipulación del microbioma mediante probióticos o trasplantes fecales ha demostrado ser prometedora en el tratamiento de ciertos

trastornos gastrointestinales. Además, la capacidad de analizar el perfil del microbioma de un individuo puede allanar el camino para estrategias de tratamiento personalizadas que tengan en cuenta la composición microbiana única de cada persona. A medida que el campo de la investigación sobre el microbioma sigue evolucionando, las implicaciones clínicas son enormes y ofrecen nuevas vías para mejorar los resultados sanitarios y aumentar la calidad de la atención al paciente.

Consideraciones éticas y normativas
Al considerar los aspectos éticos y normativos de la investigación del microbioma humano, es crucial reconocer la complejidad de este campo. A medida que los científicos profundizan en las interacciones entre las comunidades microbianas y la salud humana, surgen preguntas sobre las posibles consecuencias no deseadas y la necesidad de una supervisión responsable. Pueden surgir dilemas éticos en torno a cuestiones como el consentimiento informado, los problemas de privacidad y la distribución equitativa de los beneficios de la investigación del microbioma. Además, deben establecerse marcos reguladores que garanticen que la investigación se lleva a cabo de forma transparente, ética y conforme a las normas establecidas. Es imperativo que los investigadores, los responsables políticos y las partes interesadas trabajen juntos para abordar estas consideraciones de forma proactiva, con el fin de garantizar que los avances en la comprensión del microbioma humano se consigan de forma ética y responsable, beneficiando en última instancia a la sociedad en su conjunto.

XX. CONSIDERACIONES ÉTICAS EN LA INVESTIGACIÓN DEL MICROBIOMA

Las consideraciones éticas en la investigación del microbioma son primordiales debido a la naturaleza sensible de los sujetos humanos implicados. Los investigadores deben abordar cuestiones complejas como el consentimiento informado, la privacidad y la beneficencia al realizar estudios sobre el microbioma humano. El consentimiento informado es crucial para garantizar que los participantes comprendan plenamente los riesgos y beneficios de participar en la investigación, especialmente cuando se trata de estudios del microbioma que implican muestras corporales íntimas. Surgen problemas de privacidad, ya que los datos del microbioma recogidos son intrínsecamente personales y pueden revelar información sobre el estado de salud o las predisposiciones genéticas de un individuo. Además, los investigadores deben respetar el principio de beneficencia, asegurándose de que los beneficios de la investigación superen cualquier daño potencial para los participantes. Lograr un equilibrio entre el avance del conocimiento científico y la protección de los derechos y el bienestar de las personas que participan en la investigación del microbioma es un reto que requiere una cuidadosa consideración y el cumplimiento de las directrices éticas.

Privacidad y gestión de datos

A medida que se profundiza en nuestro conocimiento del microbioma humano, las preocupaciones en torno a la privacidad y la gestión de datos en este campo se hacen cada vez más relevantes y complejas. La intrincada relación entre las bacterias de nuestro cuerpo y nuestra salud requiere la recopilación y el análisis de grandes cantidades de datos personales, lo que plantea cuestiones éticas sobre el consentimiento, la propiedad y el posible uso indebido. Las violaciones de la intimidad y el acceso no autorizado a información sensible plantean riesgos significativos para las personas, lo que pone de relieve la necesidad de medidas sólidas de protección de datos y de transparencia en las prácticas de investigación. Lograr un equilibrio entre el avance del conocimiento científico mediante el intercambio de datos y el respeto del derecho a la intimidad de las personas es un reto crucial que debe afrontarse con cuidado e integridad. Establecer directrices y normas claras para la recogida, el almacenamiento y el uso éticos de los datos del microbioma es esencial para garantizar que la investigación en este campo respeta las normas éticas más estrictas y beneficia a la sociedad en su conjunto.

Consentimiento y participación
El concepto de consentimiento y participación en el contexto de la investigación del microbioma humano es crucial para las consideraciones éticas y para garantizar la autonomía de las personas implicadas. El consentimiento informado es esencial cuando se realizan estudios que implican la recogida y el análisis de muestras biológicas de los participantes, ya que éstos deben ser plenamente conscientes de los posibles riesgos, beneficios y fines de la investigación. Los participantes deben tener derecho a retirarse en cualquier momento sin consecuencias y a que se proteja su intimidad y confidencialidad. Además, la participación activa de las personas en los proyectos de inves-

tigación puede dar lugar a resultados más precisos y significativos, ya que su cooperación y el cumplimiento de los protocolos del estudio son esenciales para el éxito de la recogida de datos. Los investigadores deben dar prioridad a la transparencia y la comunicación con los participantes para fomentar una relación de confianza y respeto, contribuyendo en última instancia al avance del conocimiento en el campo de la investigación del microbioma humano.

Implicaciones de la manipulación del microbioma
Las implicaciones de la manipulación del microbioma humano son amplias y complejas. Al comprender cómo interactúan las distintas bacterias en nuestro organismo, los investigadores pueden desarrollar intervenciones específicas para tratar una amplia gama de enfermedades. Por ejemplo, alterar la composición de la microbiota intestinal mediante probióticos o trasplantes fecales ha resultado prometedor para tratar afecciones como la enfermedad inflamatoria intestinal y el síndrome del intestino irritable. Sin embargo, la manipulación del microbioma también plantea problemas éticos, ya que los efectos a largo plazo de la alteración del delicado equilibrio de las bacterias en el organismo aún no se conocen del todo. Además, es necesario seguir investigando para explorar los posibles riesgos y beneficios de la manipulación del microbioma, garantizando que estas intervenciones sean eficaces y seguras para los pacientes. En última instancia, las implicaciones de la manipulación del microbioma ponen de relieve la necesidad de una consideración cuidadosa y una investigación continua en este campo de estudio en rápida evolución.

XXI. SENSIBILIZACIÓN Y EDUCACIÓN DEL PÚBLICO SOBRE EL MICROBIOMA

Un aspecto esencial para aprovechar el potencial del microbioma humano reside en el ámbito de la concienciación y la educación públicas. Dado el importante impacto que tienen las comunidades microbianas en nuestra salud, es crucial difundir información precisa y promover la comprensión entre la población general. Al aumentar el conocimiento público sobre el microbioma, las personas pueden tomar decisiones informadas sobre sus elecciones de estilo de vida, como la dieta, las prácticas higiénicas y el uso de antibióticos, que afectan directamente al equilibrio de bacterias beneficiosas y perjudiciales en sus cuerpos. Además, una mayor concienciación también puede conducir a conversaciones más informadas con los profesionales sanitarios, mejorando en última instancia la calidad de la asistencia sanitaria y los planes de tratamiento personalizados. Por lo tanto, invertir en iniciativas educativas destinadas a aumentar la concienciación pública sobre el microbioma es primordial para capacitar a las personas a tomar medidas proactivas para optimizar su salud y bienestar.

Niveles actuales de conocimiento público
Comprender los niveles actuales de conocimiento público sobre el microbioma humano es esencial para destacar la importancia de las bacterias de nuestro cuerpo para la salud general. Los estudios han demostrado que muchas personas desconocen la intrincada relación entre el microbioma y diversos aspectos de la salud, como la función inmunitaria, la digestión y el bienestar mental. Esta falta de conciencia puede conducir a resultados

perjudiciales para la salud, ya que las personas pueden no darse cuenta de la importancia de mantener un equilibrio saludable de bacterias en sus cuerpos. La educación pública y las campañas de concienciación son vitales para colmar esta laguna de conocimientos y capacitar a las personas para tomar decisiones informadas sobre su salud. Aumentando la concienciación y la comprensión del microbioma humano, podemos fomentar medidas proactivas para mantener una comunidad bacteriana diversa y próspera en nuestros cuerpos, lo que en última instancia conduce a mejores resultados de salud y calidad de vida.

Importancia de educar al público
En el ámbito de la salud y el bienestar, no se puede exagerar la importancia de educar al público sobre el microbioma humano. Comprender los entresijos de cómo las bacterias de nuestro cuerpo influyen en nuestra salud es crucial para promover mejores resultados sanitarios y la prevención de enfermedades. Al difundir información precisa sobre el microbioma humano a la población general, las personas pueden tomar decisiones informadas sobre sus estilos de vida, dietas y tratamientos médicos. Este conocimiento capacita a las personas para tomar medidas proactivas para mantener un equilibrio saludable de bacterias en su organismo, lo que a su vez puede mejorar la función inmunitaria, la digestión y el bienestar general. Además, la educación pública sobre el microbioma humano puede ayudar a disipar ideas erróneas y mitos en torno a las bacterias, fomentando una mayor apreciación de las funciones beneficiosas que estos microorganismos desempeñan en nuestro cuerpo. En última instancia, al dar prioridad a la educación pública sobre el microbioma humano, podemos allanar el camino hacia un futuro

más saludable para todos.

Estrategias para una comunicación eficaz

Para comunicar eficazmente la importancia del microbioma humano y su repercusión en nuestra salud, hay que emplear estrategias cuidadosamente. Una de estas estrategias es el uso de un lenguaje claro y conciso para transmitir conceptos científicos complejos de forma que sean fácilmente comprensibles para un público más amplio. Esto implica evitar la jerga y los términos técnicos que puedan alienar o confundir a los lectores legos. Además, utilizar ayudas visuales como tablas, gráficos y diagramas puede ayudar a ilustrar los puntos clave y mejorar la comprensión. Otra estrategia vital es adaptar la comunicación al público concreto, adaptando el lenguaje y el tono a su nivel de comprensión e interés. Utilizando estas estrategias, los investigadores y los profesionales sanitarios pueden transmitir eficazmente la importancia del microbioma humano en la promoción de la salud y el bienestar generales, fomentando una mayor comprensión y aprecio por este aspecto esencial de la biología humana.

XXII. RETOS NORMATIVOS EN LA INVESTIGACIÓN DEL MICROBIOMA

La investigación en el campo del microbioma humano ha suscitado una gran atención en los últimos años debido a su potencial para revolucionar la asistencia sanitaria. Sin embargo, esta floreciente área de estudio está plagada de retos normativos que impiden el progreso. Un obstáculo importante es la falta de protocolos normalizados para la recogida, el análisis y la interpretación de muestras en la investigación del microbioma. Sin directrices establecidas, los investigadores pueden tener dificultades para reproducir los hallazgos o comparar los resultados de los distintos estudios, lo que obstaculiza el avance del campo. Además, las consideraciones éticas que rodean el uso de los datos del microbioma humano plantean cuestiones importantes sobre la privacidad, el consentimiento y el intercambio de datos. Lograr un equilibrio entre la promoción de la innovación en la investigación y la protección de los derechos de los participantes es una tarea delicada que requiere una cuidadosa navegación. Abordar estos retos normativos es esencial para garantizar la integridad y fiabilidad de la investigación sobre el microbioma, que es muy prometedora para mejorar la salud humana.

Panorama del panorama normativo
Los recientes avances en la investigación científica han arrojado luz sobre la intrincada relación entre el microbioma humano y nuestra salud. Dentro de este complejo ecosistema de microorganismos que residen en nuestro cuerpo, existe un delicado equilibrio que puede afectar profundamente a diversos aspectos

de nuestro bienestar. El panorama normativo que rige la investigación y las aplicaciones relacionadas con el microbioma humano es polifacético y abarca consideraciones éticas, marcos jurídicos y el cumplimiento de las normas científicas. A medida que el campo evoluciona rápidamente, crece la necesidad de directrices y supervisión claras para garantizar el avance responsable y ético de los tratamientos y terapias basados en el microbioma. Los organismos reguladores desempeñan un papel crucial en el establecimiento de directrices para la investigación, los ensayos clínicos y la comercialización de productos relacionados con los microbiomas, con el objetivo de salvaguardar la salud pública y evitar posibles dilemas éticos. Este panorama normativo en evolución subraya la importancia de equilibrar el progreso científico con las consideraciones éticas para aprovechar todo el potencial del microbioma humano en la mejora de los resultados sanitarios.

Retos en la normalización de protocolos
Cuando se trata del microbioma humano, uno de los principales retos a los que se enfrentan los investigadores es la normalización de los protocolos para estudiar este complejo ecosistema. Con cientos de especies bacterianas diferentes que residen en diversas partes del cuerpo, cada una con sus funciones e interacciones únicas, el desarrollo de metodologías uniformes para la toma de muestras, el análisis y la interpretación de los datos resulta desalentador. Las variaciones en las técnicas de recogida de muestras, los métodos de extracción de ADN, las tecnologías de secuenciación y las herramientas de análisis de datos pueden provocar incoherencias en los resultados y dificultar

la reproducibilidad de los estudios. Además, la naturaleza dinámica del microbioma, en el que influyen numerosos factores como la dieta, el estilo de vida y la medicación, añade otra capa de complejidad a los esfuerzos de normalización. A pesar de estos retos, establecer protocolos estandarizados es esencial para comparar los datos de los distintos estudios, avanzar en nuestra comprensión del papel del microbioma en la salud y la enfermedad y, en última instancia, traducir los resultados de la investigación en aplicaciones clínicas. Así pues, la colaboración continua entre investigadores y el perfeccionamiento continuo de las metodologías son cruciales para superar estos obstáculos y hacer avanzar el campo.

Orientaciones futuras de la reglamentación

Con los avances tecnológicos y un conocimiento más profundo del microbioma humano, las futuras orientaciones en materia de regulación son cada vez más importantes. A medida que los investigadores siguen descubriendo la intrincada relación entre el microbioma y la salud humana, crece la necesidad de marcos reguladores que garanticen el uso seguro y eficaz de las terapias basadas en el microbioma. La regulación en este campo debe equilibrar la necesidad de innovación y progreso científico con la importancia de la seguridad del paciente y las consideraciones éticas. A medida que avancemos, será crucial establecer directrices normalizadas para el desarrollo, las pruebas y la aplicación de intervenciones basadas en microbiomas. Además, los organismos reguladores deben mantenerse informados sobre las investigaciones emergentes y adaptar las normativas en consecuencia para seguir el ritmo de las tecnologías en rápida evolución. Mediante el establecimiento de marcos normativos claros y completos, podemos garantizar que las terapias basadas en microbiomas se desarrollen y utilicen de forma responsable y eficaz, beneficiando en última instancia a la salud y el bienestar de las personas.

XXIII. VARIACIONES GLOBALES EN LOS MICROBIOMAS HUMANOS

Las variaciones globales de los microbiomas humanos son indicativas de la intrincada relación entre las comunidades microbianas y los factores medioambientales. La investigación ha demostrado que diferentes poblaciones de todo el mundo albergan composiciones únicas de especies microbianas en sus cuerpos, influidas por los hábitos alimentarios, las elecciones de estilo de vida, la genética y la ubicación geográfica. Por ejemplo, los individuos que viven en zonas urbanas pueden tener un perfil de microbioma distinto al de los que viven en entornos rurales, lo que refleja el impacto de la urbanización en la diversidad microbiana. Además, los estudios han puesto de relieve cómo las prácticas culturales, como las dietas tradicionales y las prácticas higiénicas, pueden moldear la composición de la microbiota en poblaciones distintas. Comprender estas variaciones globales de los microbiomas humanos es esencial para dilucidar la compleja interacción entre los microbios y la salud humana a escala mundial, lo que subraya la necesidad de intervenciones adaptadas y enfoques de medicina personalizada que tengan en cuenta la diversidad de las comunidades microbianas en todo el mundo.

Diferencias geográficas y culturales
Es evidente que las diferencias geográficas y culturales tienen un impacto significativo en la composición y diversidad del microbioma humano. Los estudios han demostrado que los individuos de distintas regiones y entornos culturales albergan comunidades microbianas distintas dentro de sus cuerpos. Factores

como la dieta, el estilo de vida y la exposición ambiental varían según las distintas regiones geográficas y culturas, lo que influye en los tipos de bacterias que colonizan el intestino humano y otros lugares del cuerpo. Por ejemplo, los individuos que viven en sociedades occidentales tienden a tener una mayor abundancia de ciertas especies de Firmicutes en comparación con los de sociedades no occidentales, lo que puede contribuir a las diferencias en los resultados de salud, como la obesidad y los trastornos metabólicos. Comprender estas influencias geográficas y culturales en el microbioma humano es primordial para desarrollar enfoques personalizados de la asistencia sanitaria que tengan en cuenta los perfiles individualizados del microbioma en función de los antecedentes geográficos y culturales. Al reconocer estas diferencias, podemos adaptar mejor las intervenciones y los tratamientos para optimizar los resultados sanitarios de las diversas poblaciones.

Implicaciones para la salud mundial

Las implicaciones de la comprensión del microbioma humano van mucho más allá de la salud individual, con importantes repercusiones en las iniciativas sanitarias mundiales. Al comprender la intrincada relación entre el microbioma y la salud humana, los investigadores y los profesionales sanitarios pueden desarrollar enfoques innovadores para abordar una amplia gama de problemas de salud a escala mundial. Por ejemplo, dirigirse a comunidades bacterianas específicas dentro del microbioma podría conducir al desarrollo de probióticos a medida para combatir enfermedades prevalentes en determinadas regiones. Además, explorar el papel del microbioma en las enfermedades infecciosas podría aportar conocimientos cruciales sobre la prevención y el tratamiento de epidemias. Con una comprensión más profunda de cómo influye el microbioma en los resultados sanitarios, se pueden diseñar intervenciones de salud pública para promover la diversidad microbiana y apoyar el bienestar general a nivel global. En última instancia, dar prioridad a la investigación sobre el microbioma humano tiene el potencial de revolucionar los enfoques de la salud pública y mejorar los resultados sanitarios en todo el mundo.

Estrategias para la investigación transcultural
Al realizar investigaciones transculturales en el ámbito del microbioma humano, es esencial emplear estrategias que sean sensibles a los diversos orígenes culturales de las poblaciones implicadas. Una estrategia clave es garantizar la competencia cultural entre los miembros del equipo de investigación, lo que implica comprender las creencias, valores y prácticas de las distintas culturas para evitar sesgos involuntarios o interpretaciones erróneas de los resultados. Además, utilizar un enfoque de colaboración con los investigadores locales y los miembros de la comunidad puede ayudar a fomentar la confianza y garantizar que la investigación sea culturalmente relevante y respetuosa. También es crucial emplear métodos de recogida de datos culturalmente apropiados, como el uso de intérpretes de idiomas o la adaptación de los instrumentos de encuesta a las normas culturales. Aplicando estas estrategias, los investigadores pueden mejorar la validez y fiabilidad de sus estudios transculturales dentro del campo del microbioma humano, contribuyendo en última instancia a una comprensión más completa del impacto de la diversidad microbiana en la salud humana.

XXIV. EL PAPEL DE LA GENÉTICA EN EL MICROBIOMA

Investigaciones recientes han puesto de relieve el importante papel que desempeña la genética en la conformación de la composición y la función del microbioma humano. Las variaciones genéticas tanto en el huésped como en la comunidad microbiana pueden influir en la diversidad y estabilidad del microbioma. Por ejemplo, ciertos rasgos genéticos en el huésped pueden afectar a la abundancia de especies bacterianas específicas en el intestino, lo que puede provocar alteraciones en la salud general. Por otra parte, las variaciones en la composición genética de las propias bacterias pueden afectar a su capacidad para colonizar determinados nichos del organismo e interactuar con las células del huésped. Comprender la interacción entre la genética y el microbioma es crucial para desentrañar las complejidades de la salud y la enfermedad humanas. Al dilucidar los factores genéticos que contribuyen a la composición y función del microbioma, los investigadores pueden allanar el camino a terapias personalizadas dirigidas al microbioma para promover mejores resultados de salud.

Influencias genéticas en la composición del microbioma
Investigaciones recientes han arrojado luz sobre la intrincada interacción entre los factores genéticos y la composición del microbioma humano. Ahora está bien establecido que las variaciones genéticas individuales pueden influir significativamente en la diversidad y abundancia de las especies microbianas que habitan en nuestro cuerpo. Estas influencias genéticas pueden moldear las comunidades microbianas de diversas zonas del

cuerpo, como el intestino, la piel y la cavidad oral, afectando a su equilibrio y funcionalidad generales. Por ejemplo, los estudios han puesto de relieve loci genéticos específicos que están asociados a alteraciones en la composición de la microbiota intestinal, lo que a su vez puede afectar a la susceptibilidad de un individuo a determinadas enfermedades. Comprender los fundamentos genéticos de la composición del microbioma no sólo proporciona información sobre los complejos mecanismos que impulsan la colonización microbiana, sino que también abre nuevas vías para la medicina personalizada y las intervenciones dirigidas a modular el microbioma para mejorar la salud. La interacción entre la genética y el microbioma representa una fascinante frontera en la investigación biomédica, con profundas implicaciones para la salud y la enfermedad humanas.

Enfoques de medicina personalizada

Los avances tecnológicos han allanado el camino a la medicina personalizada para abordar variaciones específicas del microbioma humano. Al comprender la composición única de la comunidad microbiana de un individuo, pueden diseñarse intervenciones a medida para optimizar los resultados de salud. Este enfoque personalizado tiene en cuenta la diversidad y complejidad de las poblaciones microbianas dentro de cada persona, lo que permite la precisión en el diagnóstico y el tratamiento. Mediante el uso de la secuenciación genómica, la metabolómica y otras herramientas de vanguardia, los investigadores pueden identificar a los actores clave del microbioma que influyen en diversos estados de salud. Esta estrategia de tratamiento individualizado es muy prometedora para tratar enfermedades y afecciones complejas que han resultado difíciles de tratar con los métodos tradicionales. Con la medicina personalizada, el potencial de terapias más específicas y mejores resultados para los pacientes en el ámbito de la investigación del microbioma humano es considerable.

Futuras líneas de investigación en genómica y microbiomas

De cara al futuro, la investigación en genómica y microbiomas encierra un gran potencial para avanzar en nuestra comprensión de cómo las comunidades bacterianas del organismo influyen en los resultados de salud. Una futura investigación podría consistir en explorar el papel del microbioma en la medicina personalizada, adaptando los tratamientos en función de la composición bacteriana única de cada individuo. Este enfoque personalizado puede conducir a terapias más eficaces y a mejores resultados para diversas enfermedades. Además, nuevas investigaciones podrían ahondar en el impacto del microbioma sobre la salud mental y los trastornos neurológicos, arrojando luz sobre la intrincada conexión entre la salud intestinal y la función cerebral. Comprender estas relaciones podría allanar el camino a tratamientos innovadores dirigidos al microbioma para mejorar el bienestar mental. En general, el campo de la genómica y los microbiomas presenta un vasto panorama para la exploración, con el potencial de revolucionar las prácticas e intervenciones sanitarias en los próximos años.

XXV. INNOVACIONES TECNOLÓGICAS EN LA INVESTIGACIÓN DEL MICROBIOMA

Las innovaciones tecnológicas han hecho avanzar significativamente el campo de la investigación del microbioma, proporcionando a los investigadores potentes herramientas para estudiar las complejas interacciones entre el cuerpo humano y sus comunidades microbianas residentes. Las técnicas de secuenciación de alto rendimiento, como la metagenómica y la metatranscriptómica, han revolucionado nuestra capacidad para caracterizar la composición y la función del microbioma de formas que antes eran inimaginables. Estas tecnologías permiten un análisis exhaustivo del material genético presente en las comunidades microbianas, ofreciendo una visión de la diversidad de los microorganismos, sus patrones de expresión génica y su impacto en la salud humana. Además, los avances en bioinformática han facilitado la integración de conjuntos de datos del microbioma a gran escala, permitiendo a los investigadores identificar firmas microbianas clave asociadas a diversas enfermedades y afecciones. Aprovechando el poder de estas tecnologías de vanguardia, los científicos están bien posicionados para desentrañar la compleja relación entre el microbioma humano y la salud, allanando el camino para intervenciones terapéuticas innovadoras y estrategias de medicina personalizada.

Nuevas herramientas y técnicas

La investigación emergente en el campo de la ciencia del microbioma está aportando nuevas herramientas y técnicas para explorar los complejos ecosistemas que hay dentro de nuestro cuerpo. La secuenciación metagenómica ha revolucionado nuestra comprensión de las comunidades microbianas que residen en diferentes lugares anatómicos, permitiendo un análisis más exhaustivo de su composición y función. La integración de enfoques multiómicos, que combinan datos de genómica, transcriptómica, proteómica y metabolómica, ha proporcionado conocimientos sin precedentes sobre las intrincadas relaciones entre el huésped y la microbiota. Además, los avances en bioinformática y modelización computacional han permitido desarrollar modelos predictivos para evaluar el impacto de las comunidades microbianas en la salud humana. Estas nuevas herramientas y técnicas ofrecen oportunidades apasionantes para desentrañar el papel del microbioma humano en diversos procesos fisiológicos y enfermedades, allanando el camino para diagnósticos y terapias personalizados adaptados a las firmas microbianas individuales. Mediante estos enfoques innovadores, estamos preparados para liberar todo el potencial del microbioma humano en la promoción de la salud y la prevención de enfermedades.

Impacto en la eficacia y precisión de la investigación

Además, no se puede exagerar el impacto del microbioma humano en la eficacia y precisión de la investigación. Mediante el estudio del vasto conjunto de bacterias que residen en nuestro cuerpo, los investigadores pueden descubrir valiosos conocimientos sobre numerosas afecciones y enfermedades, lo que conduce a tratamientos más específicos y eficaces. La influencia del microbioma en la respuesta inmunitaria, el metabolismo y las funciones neurológicas ha abierto nuevas vías de investigación, permitiendo una comprensión más profunda de la intrincada interacción entre nuestros cuerpos y el mundo microbiano que llevamos dentro. Además, los avances tecnológicos, como la secuenciación de alto rendimiento y las herramientas bioinformáticas, han revolucionado la forma de investigar el microbioma, permitiendo a los investigadores analizar grandes conjuntos de datos con rapidez y precisión. Esta mayor eficacia en el procesamiento de datos ha acelerado considerablemente el ritmo de la investigación del microbioma, lo que en última instancia ha conducido a hallazgos más precisos y fiables que pueden tener un profundo impacto en la salud humana.

Futuras tendencias tecnológicas
Uno de los aspectos más intrigantes del microbioma humano es el impacto potencial de las futuras tendencias tecnológicas en nuestra comprensión de estas complejas comunidades microbianas. A medida que siguen mejorando las tecnologías de secuenciación genética, los investigadores pueden explorar el microbioma con un detalle sin precedentes, descubriendo las intrincadas relaciones entre nuestros cuerpos y los billones de bacterias que nos llaman hogar. En los próximos años, la integración de la inteligencia artificial y los algoritmos de aprendizaje automático pueden mejorar aún más nuestra capacidad de analizar cantidades masivas de datos sobre el microbioma, permitiendo enfoques más personalizados de la asistencia sanitaria y la prevención de enfermedades. Además, el desarrollo de nuevos probióticos y terapias basadas en el microbioma es prometedor para tratar una amplia gama de afecciones, desde trastornos gastrointestinales hasta problemas de salud mental. Si

adoptamos estas tecnologías de vanguardia, podremos comprender mejor cómo influye el microbioma humano en nuestra salud y revolucionar la forma en que enfocamos la medicina personalizada.

XXVI. FUTUROS POTENCIALES TERAPÉUTICOS DEL MICROBIOMA

El futuro potencial terapéutico del microbioma promete revolucionar nuestra forma de abordar la salud y la enfermedad. A medida que avanza la investigación en este campo, vamos descubriendo las intrincadas relaciones entre el microbioma y diversas afecciones de salud, como trastornos autoinmunes, enfermedades gastrointestinales e incluso problemas de salud mental. La capacidad de manipular la composición del microbioma mediante probióticos, prebióticos y trasplantes de microbiota fecal abre nuevas vías para tratamientos específicos y personalizados. Si aprovechamos el potencial terapéutico del microbioma, podremos desarrollar intervenciones novedosas que podrían tener repercusiones de gran alcance en la salud humana. A medida que profundizamos en la comprensión de la compleja interacción entre las comunidades microbianas y el cuerpo humano, el futuro de la medicina puede estar determinado por nuestra capacidad de aprovechar el poder del microbioma para prevenir, diagnosticar y tratar una amplia gama de enfermedades.

Técnicas Terapéuticas Emergentes
Los recientes avances en las técnicas terapéuticas han mostrado resultados prometedores en el aprovechamiento del poder del microbioma humano para mejorar la salud. Uno de estos enfoques emergentes es el trasplante de microbiota fecal (TFM), en el que se introducen bacterias intestinales sanas de un donante en el tracto gastrointestinal de un receptor para restablecer el equilibrio microbiano. Este método ha tenido especial

éxito en el tratamiento de afecciones como la infección por Clostridium difficile y la enfermedad inflamatoria intestinal. Además, el desarrollo de probióticos personalizados adaptados al perfil microbiano único de cada persona tiene un gran potencial para tratar toda una serie de problemas de salud. Utilizando tecnologías de vanguardia como la metagenómica y la inteligencia artificial, los investigadores pueden identificar cepas bacterianas específicas que son beneficiosas para la salud de una persona y crear terapias específicas. Estas innovadoras técnicas terapéuticas representan una prometedora frontera en medicina, que ofrece nuevas vías para mejorar la salud humana mediante la manipulación de nuestros habitantes microbianos.

Retos en la aplicación terapéutica
Uno de los retos importantes en la aplicación terapéutica del microbioma humano reside en la complejidad y diversidad de las comunidades microbianas que habitan en los distintos individuos. Cada persona tiene una composición microbiana única, influida por diversos factores como la genética, la dieta, el medio ambiente y el estilo de vida. Este aspecto personalizado dificulta el desarrollo de tratamientos universales que puedan dirigirse eficazmente a problemas de salud específicos. Además, la naturaleza dinámica del microbioma, que puede cambiar en respuesta a diversos estímulos, añade otra capa de complejidad. Esto significa que los enfoques terapéuticos deben tener en cuenta no sólo el estado actual del microbioma, sino también los posibles cambios a lo largo del tiempo. Además, las interacciones entre las distintas especies microbianas y las células huésped del organismo son intrincadas y aún no se comprenden del todo, por lo que resulta difícil predecir cómo pueden afectar

las intervenciones a la salud general. Superar estos retos exigirá una comprensión más profunda del papel del microbioma en la salud y la enfermedad, así como estrategias innovadoras para intervenciones terapéuticas personalizadas adaptadas a los perfiles individuales del microbioma.

Predicciones para futuras terapias

A medida que avanza la investigación sobre el microbioma humano, las predicciones sobre futuras terapias son cada vez más optimistas. La capacidad de manipular la composición de las bacterias intestinales es muy prometedora para tratar una amplia gama de enfermedades, desde trastornos gastrointestinales hasta afecciones neurológicas. Un objetivo clave de las terapias futuras es el desarrollo de probióticos personalizados adaptados al perfil microbioma único de cada individuo. Estos probióticos podrían ayudar a restablecer el equilibrio de la microbiota intestinal y aliviar los síntomas de diversas dolencias. Además, el uso de trasplantes de microbiota fecal (TFM) es una opción de tratamiento emergente que ha demostrado un éxito notable en el tratamiento de afecciones como la infección por Clostridium difficile. A medida que profundicemos en nuestro conocimiento del microbioma, cabe esperar que se produzca un cambio hacia terapias más específicas y eficaces que aprovechen el poder de los habitantes microbianos de nuestro propio cuerpo para promover la salud y el bienestar.

XXVII. MICROBIOMA Y MEDICINA PERSONALIZADA

La integración del microbioma en la medicina personalizada supone un avance significativo en la asistencia sanitaria. Al comprender la composición microbiana individual de cada persona, pueden desarrollarse tratamientos a medida para tratar afecciones sanitarias específicas. Este enfoque personalizado tiene en cuenta la diversidad de la microbiota de cada individuo, reconociendo que lo que funciona para una persona puede no funcionar para otra. Este cambio hacia la medicina personalizada reconoce la complejidad del microbioma humano y el importante papel que desempeña en la aparición y progresión de las enfermedades. La utilización de datos microbianos para informar los planes de tratamiento permite intervenciones más eficaces y precisas, que en última instancia conducen a mejores resultados para los pacientes. A medida que seguimos desentrañando las intrincadas interacciones entre nuestra microbiota y la salud, la medicina personalizada promete revolucionar la forma en que abordamos la asistencia sanitaria, ofreciendo nuevas posibilidades de terapias dirigidas e intervenciones adaptadas a los perfiles microbianos individuales.

Adaptar los tratamientos en función del microbioma
Comprender la intrincada relación entre el microbioma humano y nuestra salud abre un abanico de posibilidades para la medicina personalizada. Adaptar los tratamientos en función del perfil único del microbioma de un individuo es la clave de unas terapias más eficaces y específicas. Analizando la composición

y la función de la microbiota, los profesionales sanitarios pueden diseñar intervenciones que aborden específicamente los desequilibrios o la disbiosis, lo que conduce a mejores resultados para los pacientes. Este enfoque no sólo maximiza la eficacia de los tratamientos, sino que también minimiza los posibles efectos secundarios al trabajar con el ecosistema natural del organismo. Además, a medida que avanza la investigación en este campo, descubrimos nuevos conocimientos sobre las intrincadas formas en que el microbioma influye en el desarrollo y la progresión de las enfermedades. Aprovechando estos conocimientos, podemos revolucionar la forma en que enfocamos la asistencia sanitaria, avanzando hacia un modelo más personalizado y holístico que tenga en cuenta la composición del microbioma del individuo.

Retos en la aplicación de enfoques personalizados
La aplicación de enfoques personalizados en la asistencia sanitaria plantea varios retos que deben abordarse para maximizar su eficacia. Uno de los principales obstáculos es la falta de protocolos estandarizados para la medicina personalizada, lo que provoca incoherencias en la atención al paciente y en los resultados. Además, la integración de datos complejos procedentes de diversas fuentes, como factores genéticos, ambientales y de estilo de vida, plantea retos logísticos y tecnológicos a la hora de crear planes de tratamiento a medida. Otro obstáculo es la necesidad de que los profesionales sanitarios reciban formación especializada para interpretar y aplicar con precisión los enfoques de la medicina personalizada. Además, hay que sortear cuidadosamente los problemas de privacidad de los datos, se-

guridad y consideraciones éticas para garantizar la confidencialidad y autonomía del paciente. A pesar de estos retos, los beneficios potenciales de la medicina personalizada para mejorar los resultados de los pacientes y reducir los costes sanitarios son considerables, lo que justifica que se sigan realizando esfuerzos para superar las barreras de implantación y hacer avanzar este enfoque innovador en la práctica sanitaria.

El futuro de la medicina personalizada y el microbioma

Con los rápidos avances de la tecnología y la investigación, el futuro de la medicina personalizada en relación con el microbioma humano es muy prometedor. Aprovechando la información obtenida del análisis de los microbiomas individuales, los profesionales sanitarios pueden adaptar los planes de tratamiento a pacientes concretos, teniendo en cuenta su composición microbiana única. Este enfoque personalizado puede conducir potencialmente a terapias más eficaces y específicas, minimizando el riesgo de reacciones adversas y mejorando los resultados generales de los pacientes. Además, a medida que sigamos profundizando en nuestro conocimiento del microbioma, podremos descubrir nuevas formas en que estos microorganismos influyen en diversos aspectos de la salud humana, abriendo vías para intervenciones terapéuticas novedosas. A medida que avancemos, la integración de la medicina personalizada con los conocimientos del microbioma tiene el potencial de revolucionar las prácticas sanitarias, proporcionando a los pacientes tratamientos más precisos e individualizados basados en su perfil microbiano.

XXVIII. MICROBIOMA EN MODELOS NO HUMANOS

Estudios recientes han puesto de relieve la importancia de investigar el microbioma en modelos no humanos para comprender mejor su impacto en la salud humana. Utilizando modelos animales como ratones, peces cebra y moscas de la fruta, los investigadores pueden estudiar las intrincadas interacciones entre la genética del huésped, la dieta y el microbioma. Estos modelos proporcionan valiosos conocimientos sobre cómo influyen las comunidades microbianas específicas en diversos procesos fisiológicos, como el desarrollo inmunitario, el metabolismo y la función neurológica. Además, los modelos no humanos permiten condiciones experimentales controladas que no son factibles en los estudios humanos, lo que permite a los investigadores manipular el microbioma y observar sus efectos en la fisiología del huésped. Estos hallazgos pueden extrapolarse después a los humanos, arrojando luz sobre posibles dianas terapéuticas para una serie de afecciones de salud. Por tanto, explorar el microbioma en modelos no humanos es esencial para avanzar en nuestra comprensión de la compleja relación entre las comunidades microbianas y la salud del huésped.

Estudios sobre el microbioma animal
Los estudios recientes sobre los microbiomas animales han aportado valiosos conocimientos sobre la intrincada relación entre el huésped y sus habitantes microbianos. Este campo emergente ha arrojado luz sobre la diversa composición de la microbiota en varias especies animales, que influye tanto en su

fisiología como en sus interacciones ecológicas. Mediante sofisticadas técnicas analíticas, los investigadores han desentrañado la compleja red de comunidades microbianas que residen en el intestino, la piel y otras partes del cuerpo de los animales. Estos estudios no sólo han profundizado nuestra comprensión de las interacciones huésped-microbio, sino que también han puesto de relieve el importante impacto de los microbiomas en la salud, la inmunidad y el comportamiento de los animales. Al explorar la diversidad microbiana de las distintas especies animales, los científicos están descubriendo nuevas estrategias terapéuticas para mejorar la salud y el bienestar de los animales. A medida que nos adentramos más en el ámbito de los microbiomas animales, estamos preparados para desvelar aún más secretos de esta intrincada relación simbiótica entre los animales y sus homólogos microbianos. Conocimientos adquiridos y su relevancia para los seres humanos La investigación reciente sobre el microbioma humano ha proporcionado conocimientos inestimables sobre la compleja relación entre nuestros cuerpos y los billones de bacterias que residen en nuestro interior. El papel de la microbiota intestinal en la modulación de las respuestas inmunitarias, la absorción de nutrientes e incluso las funciones neurológicas ha abierto nuevas vías para comprender la salud y la enfermedad humanas. Al descubrir los intrincados mecanismos por los que estos microbios interactúan con nuestro cuerpo, los científicos han llegado a apreciar más profundamente el papel esencial que desempeñan en el mantenimiento de la homeostasis y la promoción del bienestar general. Además, estos conocimientos tienen relevancia práctica para la salud humana, ya que pueden guiar el desarrollo de nuevas estrategias terapéuticas para tratar una amplia gama de enfermedades, desde trastornos gastrointestinales hasta problemas de salud mental. Comprender la forma en que nuestra microbiota influye en nuestra salud puede conducir a intervenciones personalizadas dirigidas al microbioma, ofreciendo nuevas oportunidades para promover mejores resultados de salud en diversas poblaciones.

Consideraciones éticas en los estudios con animales
Además, las consideraciones éticas en los estudios con animales son de vital importancia cuando se realizan investigaciones sobre el microbioma humano. Aunque estos estudios proporcionan información valiosa sobre los beneficios potenciales de los probióticos y las terapias microbianas, es crucial garantizar que no se ponga en peligro el bienestar de los animales implicados. Los investigadores deben seguir unas directrices éticas estrictas para minimizar los daños y defender los principios del bienestar animal. Esto implica obtener el consentimiento informado, minimizar la incomodidad y la angustia, y utilizar el menor número posible de animales para alcanzar los objetivos de la investigación. Además, los investigadores deben considerar métodos alternativos, como los estudios in vitro o los modelos computacionales, para reducir la dependencia de la experimentación animal. Al dar prioridad a las consideraciones éticas en los estudios con animales, los investigadores pueden llevar a cabo investigaciones significativas sobre el microbioma humano al tiempo que defienden los valores morales y respetan los derechos de todos los seres vivos implicados.

XXIX. COMERCIALIZACIÓN DE LA INVESTIGACIÓN SOBRE EL MICROBIOMA

A medida que la investigación sobre el microbioma sigue avanzando, la comercialización de este campo presenta tanto oportunidades como retos. Con la creciente comprensión de cómo influye el microbioma en la salud humana, ha aumentado el interés de las empresas farmacéuticas, biotecnológicas e incluso de belleza que buscan sacar provecho de los beneficios potenciales de la manipulación del microbioma. Esta afluencia de interés comercial conlleva nuevas oportunidades de financiación de la investigación, que pueden conducir a descubrimientos innovadores y avances en los tratamientos médicos. Sin embargo, la comercialización también suscita preocupación por los conflictos de intereses, las implicaciones éticas y la posibilidad de que las decisiones con ánimo de lucro eclipsen la integridad científica. A medida que evoluciona el panorama comercial de la investigación sobre el microbioma, es crucial que los investigadores, los responsables políticos y las partes interesadas de la industria naveguen con cuidado por estas complejidades para garantizar que los beneficios potenciales de los productos y terapias basados en el microbioma se hagan realidad sin sacrificar la integridad y la credibilidad de la investigación científica.

Tendencias actuales del mercado
El panorama dinámico de las tendencias actuales del mercado en el campo de la investigación del microbioma humano refleja un creciente reconocimiento de la importancia de las comunidades microbianas en la conformación de la salud humana. Una tendencia clave es la creciente inversión en terapias basadas en

el microbioma por parte de las empresas farmacéuticas, lo que pone de relieve un cambio hacia la medicina personalizada que tiene en cuenta las variaciones individuales en la composición microbiana. Además, el creciente interés de los consumidores por los probióticos y los prebióticos significa una mayor conciencia del papel de las bacterias intestinales en el mantenimiento del bienestar general. Además, el aumento de los servicios de análisis del microbioma directos al consumidor apunta hacia una democratización del acceso a la información sobre el propio perfil microbiano. Estas tendencias subrayan un cambio de paradigma hacia una comprensión más holística de la salud humana, haciendo hincapié en la intrincada interacción entre el microbioma y el huésped. A medida que avanza la investigación en este campo, es esencial evaluar críticamente estas tendencias del mercado para garantizar que se alinean con el objetivo de promover la salud y el bienestar mediante intervenciones microbianas.

Desafíos éticos y prácticos
La exploración del microbioma humano plantea diversos retos éticos y prácticos que deben considerarse cuidadosamente en la investigación y las aplicaciones médicas. Desde el punto de vista ético, el uso de sujetos humanos en los estudios del microbioma suscita preocupaciones sobre el consentimiento informado, la privacidad y los posibles daños a los participantes. Con la gran diversidad de comunidades microbianas en distintos individuos, también pasan a primer plano las cuestiones de propiedad y protección de los datos. Además, los retos prácticos incluyen la complejidad de analizar e interpretar los datos del

microbioma, así como la necesidad de protocolos y metodologías estandarizados. La naturaleza dinámica del microbioma y sus interacciones con los factores ambientales complican aún más los esfuerzos de investigación. A pesar de estos retos, abordar las consideraciones éticas y superar los obstáculos prácticos es esencial para avanzar en nuestra comprensión de cómo influye el microbioma humano en los resultados sanitarios y desarrollar intervenciones específicas para mejorar la salud humana.

Predicciones sobre el mercado futuro
Si miramos hacia el futuro del mercado, es evidente que los avances en tecnología e investigación seguirán impulsando el crecimiento y la innovación en el campo de la investigación del microbioma humano. Con las colaboraciones en curso entre científicos, proveedores sanitarios y empresas biotecnológicas, podemos esperar ver una oleada de nuevos productos y terapias dirigidos a afecciones relacionadas con el microbioma. Es probable que el creciente interés por la medicina personalizada y la asistencia sanitaria de precisión provoque un aumento de la demanda de servicios de análisis del microbioma y tratamientos a medida. Además, la creciente concienciación sobre el impacto del microbioma en diversos aspectos de la salud, desde la inmunidad al bienestar mental, sugiere que también aumentará el interés de los consumidores por los productos respetuosos con el microbioma. Este crecimiento previsto del mercado del microbioma significa un cambio hacia un enfoque más holístico de la asistencia sanitaria, en el que la comprensión de las complejidades del microbioma humano desempeña un papel central en la configuración del futuro de la medicina y el bienestar.

XXX. ASOCIACIONES Y COLABORACIONES EN LA INVESTIGACIÓN DEL MICROBIOMA

Un aspecto significativo del avance de nuestra comprensión del microbioma humano reside en la formación de asociaciones y colaboraciones dentro del campo de la investigación del microbioma. Al unirse, los investigadores y científicos pueden combinar sus conocimientos, recursos y datos para abordar cuestiones y retos complejos relacionados con el microbioma. Estas asociaciones permiten compartir conocimientos y tecnologías, lo que da lugar a estudios más sólidos y exhaustivos que pueden aportar conocimientos más profundos sobre las intrincadas interacciones entre el microbioma y la salud humana. Además, las colaboraciones entre el mundo académico, la industria y las instituciones sanitarias pueden facilitar la traducción de los resultados de la investigación en aplicaciones prácticas, como el desarrollo de nuevas terapias o herramientas de diagnóstico. Mediante estos esfuerzos sinérgicos, el campo de la investigación del microbioma puede seguir ampliándose y contribuir a mejorar los resultados de la salud humana.

Papel de la colaboración interdisciplinar
La colaboración interdisciplinar es esencial en el estudio del microbioma humano debido a su naturaleza compleja y polifacética. Al reunir a expertos de diversos campos, como la microbiología, la inmunología, la genética y la medicina, los investigadores pueden obtener una comprensión más completa de cómo influye el microbioma en nuestra salud. Por ejemplo, los

microbiólogos pueden analizar la composición de las comunidades bacterianas del organismo, mientras que los inmunólogos pueden investigar cómo interactúan estos microbios con el sistema inmunitario. Los genetistas pueden identificar genes específicos asociados a determinadas poblaciones microbianas, y los médicos pueden aplicar estos conocimientos para desarrollar tratamientos personalizados para los pacientes. Mediante la colaboración interdisciplinaria, los investigadores pueden colmar lagunas de conocimiento, descubrir nuevas perspectivas y, en última instancia, avanzar en nuestra comprensión de la intrincada relación entre el microbioma humano y la salud. Este enfoque colaborativo es crucial para desentrañar las complejidades del microbioma y su impacto en la salud humana.

Principales proyectos de colaboración
El éxito de los grandes proyectos de colaboración en el campo de la investigación del microbioma depende de la coordinación eficaz de equipos multidisciplinares con conocimientos diversos. Estos proyectos suelen requerir una integración armoniosa de los conocimientos de microbiólogos, inmunólogos, genetistas, bioinformáticos y clínicos para desentrañar las complejas interacciones del microbioma humano. Al aunar recursos, habilidades y datos, estos esfuerzos de colaboración pueden generar conjuntos de datos completos que ofrezcan una comprensión más holística del impacto del microbioma en la salud humana. Además, esta colaboración fomenta la innovación al propiciar la polinización cruzada de ideas y metodologías, lo que conduce a descubrimientos revolucionarios que serían inalcanzables mediante esfuerzos de investigación individuales. Adoptar el espíritu de colaboración en la investigación del microbioma no sólo

acelera el progreso científico, sino que también promueve un enfoque más matizado e inclusivo para abordar la intrincada relación entre el microbioma y la salud humana.

Ventajas y retos de la colaboración

La colaboración entre investigadores en el campo de los estudios sobre el microbioma humano presenta numerosas ventajas y también retos. Una de las principales ventajas de la colaboración es la capacidad de reunir una amplia gama de conocimientos y recursos, lo que conduce a resultados de investigación más completos e innovadores. Al combinar diferentes perspectivas y conjuntos de habilidades, los investigadores pueden abordar cuestiones científicas complejas con mayor eficacia y, potencialmente, realizar descubrimientos revolucionarios. Además, la colaboración puede ayudar a fomentar un sentimiento de camaradería y propósito compartido entre los científicos, creando un entorno estimulante y de apoyo para la investigación. Sin embargo, la colaboración también puede plantear retos, como coordinar los esfuerzos de varias instituciones o superar las barreras de comunicación entre los miembros del equipo. Garantizar un trabajo en equipo eficaz, gestionar los conflictos de intereses y mantener la integridad de los datos son consideraciones fundamentales a la hora de emprender esfuerzos de investigación en colaboración en el campo de los estudios sobre el microbioma humano. En última instancia, una colaboración fructífera puede hacer avanzar significativamente nuestra comprensión del papel de las bacterias en el organismo y su repercusión en la salud humana.

XXXI. FINANCIACIÓN E INVERSIÓN EN LA INVESTIGACIÓN DEL MICROBIOMA

En el ámbito de la investigación del microbioma, garantizar una financiación e inversión adecuadas es esencial para impulsar el progreso y la innovación en este campo floreciente. La complejidad y diversidad del microbioma humano presentan un sinfín de oportunidades para realizar descubrimientos revolucionarios, pero los elevados costes asociados a la realización de investigaciones rigurosas siguen planteando un reto importante. Para liberar todo el potencial de la ciencia del microbioma, es imperativo aumentar el apoyo financiero de los organismos gubernamentales, las organizaciones privadas y las fundaciones filantrópicas. Al invertir en la investigación del microbioma, las partes interesadas pueden allanar el camino a nuevas terapias, diagnósticos e intervenciones que pueden revolucionar las prácticas sanitarias y mejorar los resultados de los pacientes. Además, el fomento de la colaboración entre investigadores, socios industriales y organismos de financiación puede acelerar aún más la traducción de los descubrimientos sobre el microbioma en beneficios tangibles para la salud humana. En última instancia, la inversión sostenida en la investigación del microbioma es muy prometedora para desentrañar las intrincadas relaciones entre nuestros habitantes microbianos y el bienestar general.

Resumen de las fuentes de financiación

Un aspecto crítico que hay que tener en cuenta al explorar el microbioma humano son las diversas fuentes de financiación que apoyan la investigación en este campo. La financiación de la investigación del microbioma procede de diversas fuentes, como organismos gubernamentales, organizaciones sin ánimo de lucro, fundaciones privadas y socios industriales. Agencias gubernamentales como los Institutos Nacionales de la Salud (NIH) y la Fundación Nacional de la Ciencia (NSF) son los principales contribuyentes a la financiación en este campo, proporcionando subvenciones para apoyar la investigación básica y traslacional. Organizaciones sin ánimo de lucro como la Fundación Bill y Melinda Gates y el Wellcome Trust también desempeñan un papel importante en la financiación de la investigación sobre el microbioma, centrándose en la salud mundial y las enfermedades infecciosas. Además, las asociaciones industriales con empresas farmacéuticas y biotecnológicas pueden proporcionar apoyo financiero adicional para la investigación y el desarrollo de vanguardia. En general, la diversidad de fuentes de financiación garantiza que el estudio del microbioma humano siga siendo un campo dinámico y en crecimiento, con potencial para revolucionar las prácticas sanitarias y mejorar los resultados de los pacientes.

Tendencias de la inversión
Las tendencias recientes en la inversión ponen de relieve un cambio hacia prácticas sostenibles y socialmente responsables. Los inversores tienen cada vez más en cuenta los factores medioambientales, sociales y de gobernanza (ASG) a la hora de tomar decisiones de inversión, reconociendo la importancia de las prácticas éticas y sostenibles en el éxito a largo plazo de las empresas. Esta tendencia está impulsada por una conciencia cada vez mayor del impacto de las empresas en el medio ambiente y la sociedad, así como de los posibles riesgos financieros

asociados a las prácticas insostenibles. Como resultado, las empresas que dan prioridad a las consideraciones ASG se consideran inversiones más atractivas, lo que ha provocado un aumento de las estrategias de inversión sostenible. Este cambio no sólo refleja las preferencias cambiantes de los consumidores y las presiones normativas, sino que también indica un reconocimiento más amplio de la interacción entre los resultados financieros y las prácticas empresariales responsables. A medida que siga evolucionando el panorama de la inversión, es probable que la integración de los factores ASG en los procesos de toma de decisiones se convierta en la nueva norma, configurando el futuro de las prácticas de inversión.

Impacto de la financiación en el progreso de la investigación

En el ámbito de la investigación científica, la financiación es un factor esencial que influye significativamente en el progreso de los esfuerzos de investigación. Una financiación adecuada no sólo sostiene las operaciones de los proyectos de investigación, sino que también permite a los investigadores explorar ideas y metodologías innovadoras, que conducen a avances científicos. Especialmente en el campo de la investigación del microbioma humano, donde las complejidades de las comunidades microbianas dentro del cuerpo plantean retos únicos, una financiación suficiente desempeña un papel fundamental en el avance de nuestra comprensión de cómo estas bacterias afectan a nuestra salud. Con un amplio apoyo financiero, los investigadores pueden realizar estudios exhaustivos, invertir en tecnología de vanguardia y atraer a los mejores talentos a sus equipos, acelerando en última instancia el ritmo de los descubrimientos y abriendo nuevas vías de investigación. Por el contrario, una financiación insuficiente puede obstaculizar el progreso, ahogar la innovación y limitar el alcance de los proyectos de investigación, impidiendo a los investigadores aprovechar plenamente los beneficios potenciales de su trabajo. Así pues, no se puede exagerar el impacto de la financiación en el progreso de la investigación en el estudio del microbioma humano, lo que subraya la importancia de un apoyo financiero sólido para avanzar en nuestro conocimiento de este aspecto crucial de la salud humana.

XXXII. INVESTIGACIÓN SOBRE EL MICROBIOMA Y POLÍTICA DE SALUD PÚBLICA

Los recientes avances en la investigación del microbioma han arrojado luz sobre la intrincada relación entre los microbios que habitan en nuestro cuerpo y su impacto en nuestra salud. A medida que los científicos siguen descubriendo las complejidades del microbioma humano, se hace cada vez más evidente que estos diminutos organismos desempeñan un papel fundamental en la configuración de nuestro bienestar general. Este creciente conjunto de conocimientos tiene importantes implicaciones para la política de salud pública, ya que la comprensión del microbioma puede conducir al desarrollo de intervenciones específicas para prevenir y tratar una miríada de enfermedades. Al incorporar la investigación sobre el microbioma a las iniciativas de salud pública, los responsables políticos pueden aplicar estrategias que aprovechen el poder de las bacterias beneficiosas para promover la salud y prevenir enfermedades. Por tanto, tender un puente entre la investigación del microbioma y la política de salud pública es muy prometedor para revolucionar las prácticas sanitarias y mejorar los resultados de salud de la población.

Influencia en la elaboración de políticas sanitarias

La influencia del microbioma humano en la elaboración de políticas sanitarias es un tema que ha suscitado gran atención en los últimos años. A medida que los investigadores descubren más cosas sobre la intrincada relación entre las bacterias de nuestro cuerpo y nuestra salud en general, los responsables políticos empiezan a reconocer la importancia de integrar estos conocimientos en las estrategias sanitarias. El microbioma se ha relacionado con una amplia gama de trastornos de salud, desde la obesidad a las enfermedades autoinmunes, lo que pone de relieve la necesidad de políticas que apoyen la investigación de tratamientos y terapias basados en el microbioma. Al comprender cómo influye el microbioma en nuestra salud, los responsables políticos pueden desarrollar medidas preventivas y tratamientos más eficaces, que en última instancia conduzcan a mejores resultados de salud pública. La incorporación de la investigación sobre el microbioma a la elaboración de políticas sanitarias puede revolucionar los sistemas sanitarios y allanar el camino hacia enfoques de medicina personalizada que tengan en cuenta la composición única del microbioma de cada individuo.

Retos políticos
Los retos políticos en el campo de la investigación del microbioma humano presentan cuestiones complejas que requieren una cuidadosa consideración. Uno de los principales retos reside en la regulación de las pruebas y la aplicación de terapias basadas en el microbioma. Es posible que los marcos reguladores actuales no aborden adecuadamente la naturaleza única de estos tratamientos, lo que provoca ambigüedad en las directrices y posibles problemas de seguridad para los pacientes. Otro reto político clave son las implicaciones éticas de la manipulación del microbioma humano. Las cuestiones relativas al consentimiento informado, la privacidad de los datos y las posibles consecuencias no deseadas deben resolverse cuidadosamente para

garantizar el avance responsable de las intervenciones basadas en el microbioma. Además, las disparidades en el acceso a la investigación y las terapias del microbioma ponen de manifiesto la necesidad de políticas que promuevan una distribución equitativa de los recursos y los beneficios. Abordar estos retos políticos será esencial para fomentar avances beneficiosos en la investigación del microbioma humano, salvaguardando al mismo tiempo la seguridad de los pacientes y manteniendo las normas éticas.

Recomendaciones para los responsables políticos

Los responsables políticos deben priorizar la financiación y el apoyo a las iniciativas de investigación destinadas a seguir explorando esta intrincada relación. Los esfuerzos de colaboración entre científicos, profesionales sanitarios y responsables políticos son esenciales para traducir los resultados de la investigación en intervenciones tangibles de salud pública que promuevan la diversidad microbiana y la resiliencia. Deben diseñarse políticas que fomenten el desarrollo y la aplicación de terapias dirigidas al microbioma, como los probióticos y los prebióticos, para optimizar los resultados sanitarios. Además, los responsables políticos deberían considerar la incorporación de pruebas y análisis del microbioma a las prácticas sanitarias rutinarias para personalizar los planes de tratamiento y mejorar los resultados de los pacientes. Invirtiendo en investigación, fomentando la colaboración interdisciplinar e integrando las intervenciones centradas en el microbioma en los sistemas sanitarios, los responsables políticos pueden abordar el floreciente campo de la ciencia del microbioma y aprovechar todo su potencial para mejorar la salud y el bienestar humanos.

XXXIII. MICROBIOMA Y SALUD AMBIENTAL

La intrincada relación entre el microbioma humano y la salud medioambiental es un tema de creciente interés e importancia en el campo de la ecología microbiana. Se ha demostrado que el microbioma, compuesto por billones de microorganismos que residen en y sobre nuestro cuerpo, tiene implicaciones significativas para nuestro bienestar general. Desde influir en el sistema inmunitario hasta afectar al metabolismo, estas comunidades bacterianas desempeñan un papel crucial en el mantenimiento de la homeostasis en el organismo. Sin embargo, investigaciones recientes también han puesto de relieve el impacto de los factores ambientales en la composición y función del microbioma. Factores como la dieta, la contaminación y el uso de antibióticos pueden alterar el delicado equilibrio de las poblaciones microbianas, provocando disbiosis y posibles problemas de salud. Comprender la compleja interacción entre el microbioma y las exposiciones medioambientales es esencial para desarrollar estrategias que protejan y promuevan la salud humana en un mundo cada vez más urbanizado e industrializado.

Interacción entre los factores ambientales y el microbioma

Uno de los aspectos clave que hay que tener en cuenta al explorar el microbioma humano es la intrincada interacción entre los factores ambientales y el microbioma. El microbioma, compuesto por billones de microbios que residen en y sobre el cuerpo humano, es muy sensible a su entorno. Factores ambientales como la dieta, el estilo de vida, la exposición a contaminantes e incluso la ubicación geográfica pueden influir significativamente en la composición y función del microbioma. Por ejemplo, una dieta rica en fibra puede favorecer el crecimiento de bacterias beneficiosas en el intestino, mientras que la exposición a antibióticos puede alterar el delicado equilibrio de las comunidades microbianas. Comprender cómo estos factores ambientales moldean el microbioma es crucial para dilucidar los mecanismos por los que el microbioma influye en la salud humana. Estudiando la interacción dinámica entre los factores ambientales y el microbioma, podemos obtener valiosos conocimientos sobre cómo modular el microbioma para optimizar los resultados de salud y prevenir diversas enfermedades.

Impacto en la salud pública
El impacto del microbioma humano en la salud pública es un tema de creciente interés e importancia en el campo de la medicina. Las nuevas investigaciones han demostrado que la microbiota que reside en nuestro cuerpo desempeña un papel crucial en el mantenimiento de nuestra salud y en la influencia sobre diversos estados de enfermedad. Las interacciones entre el huésped y estas comunidades microbianas tienen implicaciones significativas en afecciones como la obesidad, la diabetes e incluso los trastornos mentales. Comprender el intrincado equilibrio del microbioma puede conducir a novedosas intervenciones terapéuticas dirigidas a especies bacterianas específicas para mejorar los resultados de salud. Además, la investigación sobre el microbioma puede revolucionar la medicina personalizada, permitiendo tratamientos a medida basados en el perfil micro-

biano único de cada individuo. Al dilucidar el papel del microbioma en la salud pública, podemos allanar el camino a estrategias innovadoras para prevenir y tratar una amplia gama de enfermedades, mejorando en última instancia el bienestar general de las poblaciones de todo el mundo.

Estrategias de gestión medioambiental
En el ámbito de la gestión medioambiental, las estrategias desempeñan un papel vital en la conservación y protección de nuestros ecosistemas. Un enfoque eficaz es la aplicación de prácticas sostenibles que minimicen los impactos negativos sobre el medio ambiente, al tiempo que promueven el equilibrio ecológico a largo plazo. Esto puede implicar la adopción de fuentes de energía renovables, la reducción de residuos y programas de reciclaje para minimizar la huella de carbono. Además, integrar los esfuerzos de conservación de la biodiversidad en las prácticas de gestión de la tierra puede ayudar a mantener unos ecosistemas sanos y evitar la extinción de especies. Las iniciativas de colaboración en las que participen organismos gubernamentales, empresas y comunidades también pueden conducir a estrategias de gestión medioambiental más completas y eficaces. Fomentando una cultura de gestión medioambiental y promoviendo la concienciación sobre la importancia de la conservación, podemos trabajar por un futuro más sostenible para las generaciones venideras. Mediante una planificación proactiva y estratégica, podemos mitigar la degradación medioambiental y garantizar un planeta más sano para todos los organismos vivos.

XXXIV. RETOS EN LA RECOGIDA Y ALMACENAMIENTO DE MUESTRAS DEL MICROBIOMA

A medida que profundizamos en la exploración de las complejidades del microbioma humano, se hace evidente que los retos que plantean la recogida y el almacenamiento de muestras del microbioma suponen importantes obstáculos en los esfuerzos de investigación. La recogida de muestras del microbioma implica garantizar la conservación de la diversidad y viabilidad bacterianas, minimizando al mismo tiempo la contaminación externa. Cuestiones como la manipulación de las muestras, las condiciones de transporte y los métodos de almacenamiento pueden afectar en gran medida a la calidad y fiabilidad de los datos obtenidos. Además, la variabilidad de los protocolos de recogida de muestras en los distintos estudios puede dar lugar a incoherencias y dificultades para comparar los resultados. La estandarización de los procedimientos de recogida y el desarrollo de técnicas de almacenamiento sólidas son imprescindibles para mejorar la reproducibilidad y fiabilidad de la investigación del microbioma. Al abordar estos retos, los investigadores pueden obtener una comprensión más completa del microbioma humano y su impacto en la salud, allanando el camino para los avances en la medicina personalizada y las terapias microbianas dirigidas.

Buenas prácticas para la recogida de muestras
La investigación ha demostrado que la recogida de muestras es crucial para estudiar el microbioma humano. Las mejores prác-

ticas para la recogida de muestras incluyen minimizar la contaminación mediante el uso de herramientas de recogida estériles y garantizar unas condiciones de almacenamiento y transporte adecuadas para mantener la integridad de las muestras. También es importante estandarizar los métodos de recogida en todos los estudios para facilitar las comparaciones y la reproducibilidad. Además, obtener muestras de múltiples lugares del cuerpo puede proporcionar una comprensión más completa de la composición del microbioma y su impacto en la salud. Siguiendo estas prácticas recomendadas, los investigadores pueden recopilar datos de alta calidad que contribuirán a una descripción más precisa de las complejas comunidades microbianas que habitan el cuerpo humano. Esta atención al detalle en la recogida de muestras es esencial para avanzar en nuestro conocimiento del microbioma humano y su papel en la salud y la enfermedad.

Técnicas de almacenamiento y conservación
La investigación sobre las técnicas de almacenamiento y conservación de las muestras del microbioma humano es crucial para mantener la integridad y la calidad de los datos recogidos. Se han desarrollado diversos métodos para garantizar la estabilidad del contenido microbiano de las muestras, como la congelación a temperaturas ultrabajas o el uso de conservantes para impedir el crecimiento microbiano. Estas técnicas son esenciales para el almacenamiento a largo plazo y el análisis futuro de la composición del microbioma. Hay que considerar cuidadosamente la elección del método más adecuado en función de los objetivos específicos de la investigación y las carac-

terísticas de la muestra. La elección de la técnica de almacenamiento y conservación puede influir enormemente en la exactitud y fiabilidad de los datos obtenidos, por lo que es un componente crítico en la investigación del microbioma. Empleando técnicas adecuadas de almacenamiento y conservación, los investigadores pueden garantizar que las muestras del microbioma sigan siendo representativas de la comunidad microbiana in vivo, lo que permite un análisis y una interpretación significativos de los datos.

Impacto en la calidad de la investigación
Al comprender las complejas interacciones entre los billones de bacterias que residen en nuestro cuerpo y su influencia en nuestra salud, los investigadores pueden descubrir nuevos conocimientos que pueden conducir al desarrollo de terapias e intervenciones revolucionarias. Gracias a tecnologías avanzadas como la metagenómica y la secuenciación de alto rendimiento, los científicos pueden explorar la enorme diversidad de especies microbianas del microbioma humano con una profundidad y precisión sin precedentes. Esto ha abierto nuevas vías para estudiar el papel del microbioma en diversas enfermedades, como los trastornos autoinmunitarios, la obesidad e incluso los trastornos mentales. Al desentrañar los intrincados mecanismos por los que estas bacterias influyen en nuestros procesos fisiológicos, los investigadores pueden mejorar la calidad y profundidad de sus estudios, lo que en última instancia conduce a estrategias sanitarias más específicas y eficaces. En conclusión, el estudio del microbioma humano no sólo amplía nuestra comprensión de la biología humana, sino que también eleva la calidad de la investigación en el campo de la medicina.

XXXV. ANÁLISIS E INTERPRETACIÓN DE DATOS EN LA INVESTIGACIÓN DEL MICROBIOMA

El campo de la investigación del microbioma ha experimentado avances significativos en los últimos años, sobre todo en el ámbito del análisis y la interpretación de datos. A medida que los investigadores profundizan en las complejas comunidades microbianas que habitan nuestros cuerpos, se han desarrollado técnicas y tecnologías innovadoras para manejar la ingente cantidad de datos generados por los estudios del microbioma. Mediante sofisticadas herramientas bioinformáticas y análisis estadísticos, los científicos pueden identificar patrones, relaciones y correlaciones en los datos del microbioma, arrojando luz sobre las intrincadas interacciones entre los microbios y sus huéspedes humanos. Este análisis en profundidad de los datos no sólo proporciona información valiosa sobre la composición y función del microbioma, sino que también permite a los investigadores extraer conclusiones significativas sobre cómo influyen estas comunidades microbianas en la salud y la enfermedad humanas. Aprovechando sofisticadas técnicas de análisis de datos, los investigadores del microbioma están descubriendo cosas innovadoras que pueden revolucionar nuestra comprensión del papel que desempeñan las bacterias en nuestro bienestar general.

Técnicas Analíticas Avanzadas
La integración de técnicas analíticas avanzadas en el estudio del microbioma humano ha revolucionado nuestra comprensión de las intrincadas interacciones entre las bacterias y la salud

humana. Técnicas como la metagenómica, la metatranscriptómica y la metabolómica permiten a los investigadores explorar las complejas comunidades microbianas que residen en nuestros cuerpos con una profundidad y precisión sin precedentes. Analizando el material genético, la expresión génica y los metabolitos producidos por estos microbios, los científicos pueden desentrañar los intrincados mecanismos a través de los cuales influyen en nuestra salud. Por ejemplo, el análisis metagenómico puede identificar especies microbianas específicas asociadas a determinadas enfermedades, mientras que el perfil metabolómico puede revelar las vías metabólicas implicadas en las interacciones huésped-microbio. Estas técnicas no sólo proporcionan información valiosa sobre la composición microbiana del cuerpo humano, sino que también arrojan luz sobre los mecanismos subyacentes que impulsan la relación simbiótica entre las bacterias y sus huéspedes humanos. En última instancia, la aplicación de técnicas analíticas avanzadas en la investigación del microbioma es la clave para descubrir nuevas estrategias terapéuticas para promover la salud y combatir las enfermedades.

Desafíos en la interpretación de datos
La interpretación de los datos relacionados con el microbioma humano presenta retos que deben abordarse para comprender plenamente su impacto en la salud. Uno de estos retos es la complejidad y diversidad de las comunidades microbianas dentro del cuerpo humano. Con billones de bacterias que residen en diversos nichos, descifrar las interacciones entre las distintas especies y sus efectos en el huésped puede resultar desalentador. Además, la naturaleza dinámica del microbioma dificulta

establecer la causalidad en los estudios, ya que las correlaciones no siempre indican relaciones directas. Por otra parte, estandarizar las metodologías de recogida y análisis de datos es crucial para garantizar la coherencia y la reproducibilidad de los estudios. Sin directrices y protocolos claros, las comparaciones entre los resultados de diferentes investigaciones se convierten en un reto. Superar estos retos en la interpretación de los datos es esencial para avanzar en nuestro conocimiento de cómo influye el microbioma humano en la salud y la enfermedad, allanando el camino para intervenciones específicas y enfoques de medicina personalizada.

Mejorar la precisión y la fiabilidad
La investigación en el campo del análisis del microbioma humano ha avanzado mucho en los últimos años, pero un área clave que requiere más atención es la mejora de la precisión y fiabilidad de los datos recogidos. Para sacar conclusiones significativas sobre el papel de las bacterias en el organismo y su impacto en la salud, es crucial que los datos sean lo más precisos y coherentes posible. Esto puede lograrse mediante el uso de métodos estandarizados de recogida, procesamiento y análisis de muestras, así como la aplicación de rigurosas medidas de control de calidad. Al garantizar que los datos son precisos y fiables, los investigadores pueden tener una mayor confianza en sus resultados y en las conclusiones extraídas de ellos. En última instancia, esto conducirá a una comprensión más profunda de las complejas interacciones entre el microbioma humano y nuestra salud, allanando el camino para intervenciones más específicas y eficaces en el futuro.

XXXVI. MICROBIOMA Y ENFERMEDADES INFECCIOSAS

La intrincada relación entre el microbioma humano y las enfermedades infecciosas es un campo de estudio polifacético y dinámico. El microbioma, compuesto por billones de microorganismos que residen en nuestro cuerpo, desempeña un papel fundamental en la modulación de nuestro sistema inmunitario y en la defensa contra los agentes patógenos. Sin embargo, las alteraciones del equilibrio de estas comunidades microbianas pueden provocar susceptibilidad a las infecciones. Las bacterias patógenas pueden superar a los microbios beneficiosos, provocando disbiosis y creando un entorno propicio a las infecciones. Además, algunas bacterias patógenas han desarrollado mecanismos para manipular las respuestas inmunitarias del huésped y eludir su eliminación, lo que contribuye a la persistencia de las enfermedades infecciosas. Comprender la interacción entre el microbioma y las enfermedades infecciosas es primordial para desarrollar estrategias terapéuticas innovadoras, como los probióticos y el trasplante de microbiota fecal, para restablecer la homeostasis microbiana y combatir eficazmente las infecciones. Al desentrañar las complejidades del microbioma, podemos revolucionar potencialmente la gestión y el tratamiento de diversas enfermedades infecciosas.

Papel en la prevención de enfermedades
El papel del microbioma humano en la prevención de enfermedades es complejo y polifacético. La investigación ha demostrado que las bacterias que residen en nuestro cuerpo pueden influir en nuestro sistema inmunitario, metabolismo y salud en

general. Manteniendo un microbioma diverso y equilibrado, podemos ayudar a prevenir varias enfermedades, como los trastornos autoinmunitarios, la obesidad y las afecciones gastrointestinales. La microbiota intestinal, en particular, desempeña un papel crucial en el mantenimiento de nuestra salud general al favorecer la digestión, la absorción de nutrientes y mantener la función de barrera intestinal. La disbiosis, o desequilibrio del microbioma, se ha asociado a diversas enfermedades, lo que subraya la importancia de mantener un microbioma sano para la prevención de enfermedades. Comprender la intrincada relación entre nuestro microbioma y la prevención de enfermedades puede allanar el camino a nuevas estrategias terapéuticas que aprovechen el potencial de nuestros habitantes bacterianos para promover la salud y prevenir la enfermedad.

Influencia del microbioma en la dinámica de los patógenos
La intrincada relación entre el microbioma humano y la dinámica de los patógenos es una interacción compleja y dinámica que puede tener implicaciones significativas para la salud humana. Investigaciones recientes han demostrado que la composición y diversidad del microbioma pueden influir en la colonización y virulencia de los patógenos dentro del huésped. Por ejemplo, ciertas bacterias comensales pueden competir con las especies patógenas por los recursos y el espacio, reduciendo así la probabilidad de infección. Además, el microbioma puede modular la respuesta inmunitaria del huésped, influyendo en la capacidad de los patógenos para establecerse y causar enfermedades. Comprender estas interacciones es crucial para desarrollar nuevas estrategias de prevención y tratamiento de las in-

fecciones. Al dilucidar los mecanismos por los que el microbioma influye en la dinámica de los patógenos, podemos aprovechar potencialmente el poder de estas comunidades microbianas para promover la salud y mitigar el impacto de las enfermedades infecciosas.

Estrategias para el tratamiento de las enfermedades infecciosas

En el ámbito de la gestión de las enfermedades infecciosas, se han desarrollado diversas estrategias para combatir la propagación de enfermedades causadas por agentes patógenos. Un enfoque clave es la vacunación, que ayuda a crear inmunidad contra enfermedades específicas y a reducir la probabilidad de infección dentro de una población. Además, las medidas de salud pública como la cuarentena, el aislamiento y el rastreo de contactos son esenciales para controlar la propagación de enfermedades infecciosas. Las campañas de educación y comunicación también son cruciales para aumentar la concienciación sobre la importancia de la higiene de las manos, el protocolo respiratorio y la vacunación. Además, los programas de administración antimicrobiana ayudan a prevenir el desarrollo de la resistencia a los antibióticos promoviendo un uso juicioso de los mismos. Empleando un enfoque integral y polifacético de la gestión de las enfermedades infecciosas, podemos reducir eficazmente la carga de las enfermedades infecciosas y salvaguardar la salud pública.

XXXVII. MICROBIOMA Y RESISTENCIA A LOS ANTIBIÓTICOS

La intrincada relación entre el microbioma humano y la resistencia a los antibióticos es un tema que preocupa cada vez más en el campo de la medicina. Estudios recientes han puesto de relieve el papel que desempeña el microbioma en la modulación de la eficacia de los tratamientos antibióticos. Se ha observado que determinadas especies bacterianas del microbioma pueden conferir resistencia a los antibióticos, dificultando la erradicación de las infecciones. Este fenómeno subraya la importancia de comprender la interacción entre el microbioma y la resistencia a los antibióticos para desarrollar estrategias de tratamiento más específicas y eficaces. Al investigar los mecanismos por los que el microbioma influye en la resistencia a los antibióticos, los investigadores pueden identificar potencialmente nuevas dianas terapéuticas y enfoques para combatir este acuciante problema. En última instancia, una comprensión más profunda del impacto del microbioma en la resistencia a los antibióticos puede conducir a mejores resultados clínicos y a una mejor gestión de las enfermedades infecciosas en el futuro.

Desarrollo de la resistencia
Uno de los aspectos críticos a considerar en el contexto del microbioma humano es el desarrollo de resistencia. A medida que las bacterias interactúan con diversos entornos del organismo, pueden desarrollar mecanismos para resistir los efectos de los antibióticos u otras intervenciones destinadas a controlar su crecimiento. Este proceso, conocido como resistencia a los an-

tibióticos, supone un reto importante para las prácticas sanitarias modernas, ya que limita la eficacia de las opciones de tratamiento. Comprender los mecanismos y vías a través de los cuales las bacterias desarrollan resistencia es esencial para idear estrategias que combatan este fenómeno. Estudiando los procesos evolutivos que impulsan el desarrollo de la resistencia, los investigadores pueden identificar potencialmente nuevas dianas de intervención y desarrollar enfoques novedosos para gestionar las infecciones bacterianas. Además, investigar cómo las bacterias del microbioma desarrollan resistencia no sólo arroja luz sobre el comportamiento microbiano, sino que también subraya la importancia del uso responsable de los antibióticos para mitigar la propagación de cepas resistentes y preservar la eficacia de los tratamientos existentes.

Estrategias para combatir la resistencia
La búsqueda de estrategias eficaces para combatir la resistencia en el microbioma humano presenta un reto polifacético que requiere un enfoque integral. Una estrategia clave consiste en promover la diversidad de bacterias beneficiosas mediante intervenciones dietéticas que favorezcan el crecimiento de cepas probióticas. Se ha demostrado que los probióticos, como el Lactobacillus y el Bifidobacterium, mejoran la salud intestinal y refuerzan el sistema inmunitario, reduciendo así el riesgo de colonización por patógenos nocivos. Además de las medidas dietéticas, el uso juicioso de antibióticos es esencial para prevenir la proliferación de bacterias resistentes a los antibióticos en el microbioma. Fomentando el desarrollo de terapias alternativas dirigidas a patógenos específicos y preservando al mismo tiempo el equilibrio del microbioma, los investigadores pueden

minimizar la aparición de resistencias y salvaguardar el delicado ecosistema de las comunidades microbianas del organismo. Este enfoque integrado es prometedor para abordar la resistencia en el microbioma humano y promover unos resultados sanitarios óptimos.

Orientaciones futuras en la investigación y el tratamiento
A medida que los investigadores siguen profundizando en el intrincado mundo del microbioma humano, las futuras direcciones de la investigación y el tratamiento están a punto de revolucionar el campo de la medicina. Un área de interés son las terapias personalizadas basadas en el microbioma, cuyo objetivo es adaptar las estrategias de tratamiento a cada paciente en función de sus perfiles microbianos únicos. Este enfoque selectivo es muy prometedor para mejorar los resultados del tratamiento de diversas enfermedades, desde trastornos autoinmunitarios hasta enfermedades mentales. Además, se espera que los avances en las tecnologías de secuenciación del microbioma impulsen el desarrollo de nuevos diagnósticos y terapias, permitiendo a los profesionales sanitarios comprender mejor y aprovechar el poder del microbioma para promover la salud y prevenir las enfermedades. Al integrar los resultados de la investigación de vanguardia con la práctica clínica, el futuro de la medicina basada en el microbioma encierra un inmenso potencial para transformar la prestación de asistencia sanitaria y mejorar los resultados de los pacientes.

XXXVIII. ASPECTOS JURÍDICOS DE LA INVESTIGACIÓN SOBRE EL MICROBIOMA

Dado el creciente interés por el microbioma humano y su repercusión en la salud, es esencial considerar los aspectos jurídicos de la investigación sobre el microbioma. A medida que los investigadores profundizan en la comprensión de las complejas interacciones entre el cuerpo humano y sus microbios residentes, las consideraciones éticas y jurídicas adquieren una importancia primordial. Cuestiones como la privacidad, el consentimiento informado y la propiedad de los datos surgen cuando se recogen y analizan datos del microbioma de participantes humanos. Además, los derechos de propiedad intelectual relacionados con los descubrimientos en la investigación del microbioma plantean retos a la hora de traducir los hallazgos científicos en aplicaciones comerciales. Para navegar eficazmente por estas complejidades legales, los investigadores y las instituciones deben adherirse a las directrices y normativas establecidas para garantizar la conducta ética de la investigación del microbioma. Mediante el desarrollo de un marco sólido que aborde las consideraciones jurídicas, podemos salvaguardar los derechos de las personas que participan en los estudios sobre el microbioma y, al mismo tiempo, promover descubrimientos innovadores en este campo floreciente.

Cuestiones de Propiedad Intelectual

Las cuestiones relativas a la propiedad intelectual en el contexto del microbioma humano son complejas y polifacéticas. A medida que los investigadores profundizan en la comprensión de la intrincada relación entre las bacterias de nuestro cuerpo y nuestra salud, surgen preguntas sobre a quién pertenecen los datos generados por la investigación del microbioma. Ante la posibilidad de que surjan descubrimientos revolucionarios y tratamientos innovadores en este campo, se intensifica la carrera por conseguir patentes y proteger los derechos de propiedad intelectual. Sin embargo, el reto reside en equilibrar la necesidad de incentivos comerciales con las consideraciones éticas del acceso a la información sanitaria esencial. Navegando por estas cuestiones de propiedad intelectual de forma reflexiva y transparente, las partes interesadas pueden garantizar que los beneficios de la investigación del microbioma se distribuyan equitativamente, fomentando la colaboración y el avance en este campo de la ciencia en rápida evolución. De este modo, podremos aprovechar el poder del microbioma humano para revolucionar la asistencia sanitaria y mejorar vidas en todo el mundo.

Cumplimiento de la legislación internacional
Al considerar el microbioma humano y su impacto en la salud, el cumplimiento de las leyes internacionales resulta esencial para garantizar el tratamiento ético de los sujetos de investigación y la protección de los derechos humanos. Las leyes y directrices internacionales, como la Declaración de Helsinki, establecen principios para llevar a cabo investigaciones con sujetos humanos, entre los que se incluyen la obtención del consentimiento informado, la minimización de los daños potenciales y la defensa de la integridad y confidencialidad de los datos. El cumplimiento de estas normas es crucial para mantener la confianza de los participantes y de la comunidad científica en su conjunto. Además, la adhesión a las leyes internacionales ayuda a evitar la explotación y garantiza que la investigación se lleve a cabo

de forma justa y transparente. Siguiendo estas directrices, los investigadores pueden mantener las normas éticas más estrictas en el estudio del microbioma humano, contribuyendo así a los avances en la asistencia sanitaria y respetando al mismo tiempo los derechos y la dignidad de las personas que participan en los estudios de investigación.

Futuros retos jurídicos
Los futuros retos jurídicos en torno al microbioma humano son polifacéticos y complejos. A medida que la investigación siga descubriendo la intrincada relación entre nuestra microbiota y la salud en general, los marcos jurídicos tendrán que adaptarse para garantizar la protección de los derechos individuales y la privacidad. Una cuestión clave que puede surgir es la regulación de las terapias y tratamientos basados en el microbioma, así como la posible discriminación basada en los perfiles del microbioma. Además, habrá que abordar las cuestiones relativas a la propiedad y el control de los datos del microbioma, sobre todo en el contexto de la medicina personalizada y las pruebas genéticas. Es imperativo que los sistemas jurídicos evolucionen junto con los avances científicos para salvaguardar contra posibles usos indebidos o prácticas poco éticas relacionadas con el microbioma humano. Por ello, los responsables políticos deben colaborar con la comunidad científica para desarrollar directrices y normativas éticas que den prioridad al bienestar y la autonomía de las personas en el panorama en constante evolución de la investigación del microbioma.

XXXIX. MICROBIOMA Y FACTORES DEL ESTILO DE VIDA

Un aspecto clave del microbioma humano que merece ser debatido es la importante influencia de los factores del estilo de vida en su composición y función. La investigación ha demostrado que la dieta, la actividad física, los niveles de estrés y el uso de medicamentos pueden influir en la diversidad y el equilibrio de los microorganismos de nuestro cuerpo. Por ejemplo, una dieta rica en fibra favorece el crecimiento de bacterias beneficiosas en el intestino, mientras que el consumo excesivo de alimentos procesados puede provocar disbiosis e inflamación. Del mismo modo, el ejercicio regular se ha relacionado con un microbioma más diverso y resistente, que a su vez puede favorecer la salud general. Además, el estrés y ciertos medicamentos, como los antibióticos, pueden alterar el delicado ecosistema microbiano que llevamos dentro. Comprender la interacción dinámica entre nuestras elecciones de estilo de vida y el microbioma es crucial para desarrollar estrategias personalizadas que optimicen nuestra salud y prevengan enfermedades. Teniendo en cuenta estos factores, podemos aprovechar el poder de nuestros compañeros microbianos para aumentar el bienestar y la longevidad.

Impacto del ejercicio en el microbioma

Numerosos estudios han puesto de relieve el importante impacto del ejercicio sobre el microbioma humano. Se ha demostrado que el ejercicio promueve una comunidad microbiana más diversa y abundante en el intestino, lo que se asocia a una mejor salud general. La actividad física puede aumentar la producción de ácidos grasos de cadena corta, esenciales para mantener la salud intestinal y reducir la inflamación. Además, el ejercicio se ha relacionado con la modulación de ciertas bacterias que pueden ayudar a proteger contra afecciones como la obesidad y la diabetes. La actividad física regular también parece influir positivamente en el sistema inmunitario al promover un equilibrio más saludable de bacterias beneficiosas. Estos hallazgos subrayan la intrincada relación entre el ejercicio y el microbioma, y sugieren que la incorporación de la actividad física regular a la rutina personal puede tener profundas implicaciones para mejorar la salud y el bienestar generales.

Efectos del estrés y el sueño
Investigaciones recientes han demostrado una clara conexión entre el estrés, el sueño y el microbioma humano. Los efectos del estrés en el organismo pueden provocar disbiosis, un desequilibrio de la microbiota intestinal, que puede debilitar el sistema inmunitario y aumentar la susceptibilidad a diversas afecciones. El estrés crónico se ha relacionado con una disminución de las bacterias beneficiosas y un crecimiento excesivo de microbios perjudiciales, lo que contribuye a la inflamación y al estrés oxidativo del organismo. Además, un sueño inadecuado también puede alterar el equilibrio del microbioma, ya que desempeña un papel crucial en la regulación del ritmo circadiano y la función inmunitaria. La mala calidad del sueño se ha asociado a una disminución de la diversidad microbiana y a un aumento de los niveles de bacterias potencialmente nocivas en el intestino. En general, la interacción entre el estrés, el sueño y el microbioma pone de relieve la importancia de mantener un estilo de vida sano para favorecer el equilibrio de las bacterias

beneficiosas del organismo y promover el bienestar general.

Modificaciones del estilo de vida para una salud óptima del microbioma

Las nuevas investigaciones sugieren que las modificaciones del estilo de vida pueden influir significativamente en la composición y diversidad del microbioma, lo que en última instancia influye en nuestra salud general. Un factor clave del estilo de vida es la dieta; una gama diversa de alimentos ricos en prebióticos, como frutas, verduras, cereales integrales y legumbres, puede fomentar el crecimiento de bacterias beneficiosas en el intestino. Además, evitar los alimentos procesados ricos en azúcar y grasas poco saludables puede ayudar a mantener un microbioma sano. También se ha demostrado que la actividad física regular influye positivamente en la microbiota intestinal, fomentando una comunidad microbiana más diversa y estable. Además, un descanso adecuado y la gestión del estrés son esenciales para la salud del microbioma, ya que el estrés crónico puede alterar el equilibrio de las bacterias intestinales. Al incorporar estas modificaciones en el estilo de vida, las personas pueden optimizar la salud de su microbioma y reducir potencialmente el riesgo de diversas enfermedades asociadas a la disbiosis.

XL. PAPEL DEL MICROBIOMA EN LOS NUTRACÉUTICOS

Investigaciones recientes han puesto de relieve el papel fundamental del microbioma humano a la hora de influir en la eficacia de los nutracéuticos, un sector de rápido crecimiento en la industria sanitaria. El microbioma es un complejo ecosistema de billones de microorganismos que residen en nuestro cuerpo, predominantemente en el intestino, y que desempeñan un papel crucial en la digestión, la regulación inmunitaria y el metabolismo. Los estudios han demostrado que la composición del microbioma puede influir significativamente en la absorción, el metabolismo y la biodisponibilidad de diversos compuestos nutracéuticos. Por ejemplo, ciertas bacterias beneficiosas pueden potenciar la conversión de compuestos dietéticos en metabolitos bioactivos, amplificando los beneficios para la salud de los nutracéuticos. Por otra parte, un microbioma desequilibrado o disbiótico puede impedir la utilización adecuada de estos compuestos, reduciendo su eficacia. Comprender la intrincada interacción entre el microbioma y los nutracéuticos es esencial para optimizar su potencial terapéutico y desarrollar intervenciones personalizadas para mejorar la salud.

Nutracéuticos dirigidos al microbioma
El desarrollo de nutracéuticos dirigidos al microbioma representa una vía prometedora para la medicina personalizada y las intervenciones a medida destinadas a modular la composición y la función de la microbiota intestinal. Estos nutracéuticos, que abarcan una variedad de suplementos dietéticos y alimentos funcionales, contienen compuestos bioactivos específicos que

han demostrado influir selectivamente en el crecimiento y la actividad de las bacterias beneficiosas del intestino. Al promover el crecimiento de microbios beneficiosos e inhibir la proliferación de patógenos nocivos, los nutracéuticos dirigidos a los microbios pueden restablecer el equilibrio microbiano y mejorar la salud en general. Además, el uso de estas intervenciones dirigidas puede ayudar a mitigar la disbiosis, una afección caracterizada por el desequilibrio microbiano vinculado a diversas enfermedades crónicas como la obesidad, las enfermedades inflamatorias intestinales y los trastornos metabólicos. A medida que sigue evolucionando nuestra comprensión de las intrincadas interacciones entre el microbioma y la salud humana, el desarrollo de nutracéuticos dirigidos al microbioma es muy prometedor para el futuro de la medicina personalizada.

Consideraciones sobre eficacia y seguridad
La investigación sobre el microbioma humano plantea retos únicos a la hora de considerar tanto la eficacia como la seguridad. La naturaleza compleja y dinámica del microbioma requiere una cuidadosa consideración para garantizar que las intervenciones no sólo sean eficaces, sino también seguras para el individuo. A medida que profundizamos en la influencia del microbioma en la salud, resulta cada vez más evidente que no es adecuado un enfoque único para todos. Factores como la genética, el estilo de vida, el medio ambiente y la dieta influyen en la formación del microbioma de un individuo, por lo que las intervenciones personalizadas son una necesidad. Además, las intervenciones deben supervisarse cuidadosamente para evitar consecuencias no deseadas, como la alteración de las bacterias beneficiosas o

la aparición de patógenos nocivos. Así pues, a medida que exploramos el potencial de aprovechar el microbioma para mejorar los resultados sanitarios, es esencial equilibrar la eficacia con la seguridad para garantizar los mejores resultados posibles para las personas.

Aspectos reglamentarios y de mercado
El mercado y los aspectos normativos desempeñan un papel fundamental en la configuración del panorama de la investigación del microbioma humano. A medida que el campo sigue creciendo, aumenta el interés tanto del mundo académico como de la industria, lo que conduce a un aumento de las oportunidades de inversión y comercialización. Esta afluencia de financiación tiene el potencial de acelerar la innovación y facilitar la traducción de los resultados de la investigación en aplicaciones clínicas. Sin embargo, también conlleva retos relacionados con los derechos de propiedad intelectual, el intercambio de datos y consideraciones éticas. Los organismos reguladores deben garantizar que el desarrollo de productos basados en el microbioma se adhiere a normas rigurosas para proteger la seguridad del consumidor y promover la transparencia. Las fuerzas del mercado pueden impulsar la dirección de la investigación, dando forma a las prioridades e influyendo potencialmente en la difusión de la información. Por lo tanto, debe alcanzarse un delicado equilibrio entre el fomento de la innovación y la salvaguarda de la confianza pública para aprovechar todo el potencial del microbioma humano en la mejora de los resultados sanitarios.

XLI. MICROBIOMA Y MEDICINA VETERINARIA

Los recientes avances en medicina veterinaria han arrojado luz sobre la importancia del microbioma en la salud animal. Al igual que en los humanos, el microbioma de los animales desempeña un papel fundamental en el mantenimiento del bienestar general. Los estudios han demostrado que los desequilibrios del microbioma pueden provocar diversos problemas de salud en los animales, desde problemas digestivos hasta reacciones alérgicas. Al comprender la intrincada relación entre el microbioma y la medicina veterinaria, los veterinarios pueden desarrollar estrategias de tratamiento más eficaces para sus pacientes animales. Desde los probióticos a los trasplantes fecales, el uso de terapias basadas en el microbioma en medicina veterinaria está revolucionando la forma de abordar la salud animal. Al incorporar estos conocimientos a su práctica, los veterinarios pueden atender mejor a una amplia gama de especies y, en última instancia, mejorar la calidad de vida de los animales a su cargo. A medida que se amplíe nuestro conocimiento del microbioma, también lo hará nuestra capacidad de promover la salud y el bienestar tanto de los humanos como de los animales.

Aplicaciones en sanidad animal
Los recientes avances en la investigación del microbioma han mostrado aplicaciones prometedoras en la salud animal. Al estudiar los microbiomas de diversas especies animales, los científicos han obtenido valiosos conocimientos sobre cómo influyen estas comunidades microbianas en la salud y el bienestar de sus huéspedes. Por ejemplo, la investigación ha demostrado que

el microbioma intestinal desempeña un papel crucial en la digestión y absorción de nutrientes en los animales, lo que afecta a su salud y rendimiento generales. Además, la comprensión del microbioma de los animales de ganadería ha conducido al desarrollo de probióticos y otras terapias basadas en el microbioma para mejorar la salud animal y reducir la necesidad de antibióticos. Estos hallazgos ponen de relieve el potencial de las intervenciones basadas en el microbioma para revolucionar las prácticas de gestión de la salud animal, promoviendo mejores resultados de bienestar y productividad para los animales en diversos sectores. A medida que aumenta nuestro conocimiento del microbioma, también aumentan las oportunidades de aprovechar su potencial para mejorar la salud animal.

Estudios comparativos con microbiomas humanos
La investigación en el campo del microbioma humano ha evolucionado significativamente en los últimos años, arrojando luz sobre la relación dinámica entre las comunidades microbianas dentro de nuestro cuerpo y su impacto en nuestra salud. Los estudios comparativos con microbiomas humanos han proporcionado valiosos conocimientos sobre la diversidad de bacterias presentes en distintos individuos y poblaciones, destacando el papel de la genética, la dieta, el estilo de vida y los factores medioambientales en la conformación de estas comunidades microbianas. Examinando los microbiomas de diversas poblaciones y comparándolos entre distintas etnias, ubicaciones geográficas y estados de salud, los investigadores pueden identificar pautas y correlaciones que pueden ofrecer pistas para comprender las complejas interacciones entre las bacterias y la salud humana. Además, los estudios comparativos pueden ayudar

a dilucidar los mecanismos por los que determinadas bacterias contribuyen a las enfermedades o proporcionan efectos protectores, allanando el camino para enfoques de medicina personalizada adaptados a las composiciones individuales del microbioma. En general, los estudios comparativos con microbiomas humanos encierran un inmenso potencial para avanzar en nuestro conocimiento de los ecosistemas microbianos dentro del cuerpo y sus implicaciones para la salud y la enfermedad.

Futuras direcciones en aplicaciones veterinarias
Al mirar hacia futuras direcciones en las aplicaciones veterinarias, es crucial explorar los beneficios potenciales de incorporar la investigación del microbioma a la medicina veterinaria. Al comprender la compleja interacción entre la microbiota y el animal huésped, los veterinarios pueden desarrollar estrategias novedosas para promover la salud y el bienestar de los animales. Una vía prometedora para la investigación futura es el desarrollo de probióticos personalizados adaptados a cada animal en función de la composición única de su microbioma. Este enfoque personalizado podría revolucionar el campo de la medicina veterinaria al proporcionar tratamientos específicos y eficaces para una amplia gama de enfermedades animales. Además, el estudio del microbioma veterinario también podría ofrecer información valiosa sobre las enfermedades zoonóticas y la resistencia a los antimicrobianos, permitiendo una mejor prevención y gestión de las enfermedades tanto en animales como en humanos. Al adoptar el creciente cuerpo de investigación sobre el microbioma, los veterinarios pueden allanar el camino para una nueva era de medicina de precisión en la atención sanitaria animal.

XLII. MICROBIOMA Y CIENCIAS AGRARIAS

La integración de la investigación del microbioma en las ciencias agrícolas ha abierto nuevas posibilidades para mejorar la productividad y la sostenibilidad de los cultivos. Al explorar las complejas interacciones entre los microbios del suelo y las plantas, los científicos pueden desarrollar estrategias innovadoras para mejorar la absorción de nutrientes, la resistencia a las enfermedades y la salud general de los cultivos. Comprender el papel del microbioma en los ecosistemas agrícolas puede conducir al desarrollo de biofertilizantes, biopesticidas y otros agentes biológicos que pueden reducir la dependencia de los insumos químicos, promoviendo un enfoque de la agricultura más respetuoso con el medio ambiente. Además, aprovechar el poder de los microbios beneficiosos puede ayudar a mitigar los efectos del cambio climático en la agricultura, aumentando la resistencia de las plantas a las condiciones climáticas extremas. Profundizando en la intrincada relación entre microbios y plantas, los científicos agrícolas pueden allanar el camino hacia un futuro más sostenible y productivo en la producción de alimentos.

Impacto en la salud del suelo y de las plantas
El microbioma humano tiene un profundo impacto en la salud del suelo y las plantas a través de diversos mecanismos. Las poblaciones microbianas del intestino pueden influir en la absorción y el ciclo de nutrientes, como el nitrógeno y el fósforo, que son esenciales para el crecimiento de las plantas. Estos mi-

crobios también desempeñan un papel crucial en el mantenimiento de la estructura y la fertilidad del suelo, al contribuir a la descomposición de la materia orgánica y la formación de humus. Además, las bacterias presentes en el cuerpo humano pueden interactuar con las raíces de las plantas, fomentando el crecimiento y aumentando la resistencia a los patógenos. Esta intrincada relación entre el microbioma humano y la salud del suelo y las plantas pone de relieve la interconexión de todos los organismos vivos de la Tierra. Comprendiendo y aprovechando el poder de nuestro microbioma, podemos revolucionar potencialmente las prácticas agrícolas y mejorar la seguridad alimentaria de las generaciones futuras. Esto subraya la importancia de seguir investigando en este campo para maximizar los beneficios de esta relación simbiótica.

Aplicaciones en agricultura sostenible
La agricultura sostenible puede beneficiarse enormemente del aprovechamiento del potencial del microbioma humano. Al comprender las intrincadas relaciones entre las bacterias y las plantas, los investigadores pueden desarrollar formas innovadoras de mejorar la salud del suelo, aumentar el rendimiento de los cultivos y reducir la necesidad de fertilizantes y pesticidas químicos nocivos. Por ejemplo, la aplicación de microbios beneficiosos a los cultivos puede mejorar la absorción de nutrientes, reforzar la inmunidad de las plantas y promover su crecimiento general. Esto no sólo da lugar a cultivos más sanos, sino que también contribuye a la sostenibilidad medioambiental al minimizar los impactos negativos de las prácticas agrícolas convencionales. Además, el uso de estrategias basadas en el microbioma en la agricultura puede ayudar a reducir el consumo de

agua, combatir la erosión del suelo y proteger la biodiversidad. Al integrar el conocimiento del microbioma humano en las prácticas agrícolas sostenibles, podemos fomentar un sistema de producción de alimentos más resistente y respetuoso con el medio ambiente para el futuro.

Futuras estrategias agrícolas
A la luz de los crecientes retos que plantean el cambio climático y el crecimiento demográfico, es imperativo mirar hacia futuras estrategias agrícolas que puedan satisfacer de forma sostenible la demanda mundial de alimentos. Un enfoque prometedor es la integración de técnicas de agricultura de precisión, como el uso de tecnología de sensores y análisis de datos, para optimizar la gestión de los recursos y aumentar el rendimiento de las cosechas. Empleando estas tecnologías de vanguardia, los agricultores pueden minimizar los residuos, reducir el impacto medioambiental y mejorar la productividad general. Además, invertir en investigación y desarrollo de cultivos modificados genéticamente que sean resistentes a plagas, enfermedades y condiciones climáticas adversas podría mejorar significativamente la seguridad alimentaria en todo el mundo. Adoptar principios agroecológicos, como la rotación de cultivos, los cultivos intercalados y los métodos de agricultura ecológica, también puede contribuir a crear sistemas agrícolas resistentes que dependan menos de los insumos sintéticos. Aplicando un enfoque holístico que combine la innovación tecnológica con los principios ecológicos, podemos allanar el camino hacia un futuro sostenible y próspero en la agricultura.

XLIII. MICROBIOMA E INDUSTRIA ALIMENTARIA

La relación entre el microbioma y la industria alimentaria es compleja y polifacética. En los últimos años, ha aumentado el interés por comprender cómo los alimentos que consumimos pueden influir en la composición y la función del microbioma de nuestro cuerpo. La industria alimentaria desempeña un papel crucial en la formación de nuestros hábitos alimentarios y, por tanto, tiene el potencial de influir en la salud de nuestro microbioma. Se ha demostrado que los alimentos procesados con alto contenido en azúcar, sal y grasas poco saludables influyen negativamente en la diversidad y el equilibrio de las bacterias intestinales, lo que provoca una serie de problemas de salud. Por otro lado, los alimentos ricos en fibra, prebióticos y probióticos pueden promover el crecimiento de bacterias beneficiosas y favorecer un microbioma sano. Por ello, existe una necesidad acuciante de aumentar la colaboración entre la industria alimentaria y la comunidad científica para desarrollar productos alimenticios más sanos que puedan influir positivamente en nuestro microbioma y, en última instancia, mejorar nuestra salud y bienestar generales.

Influencia en la elaboración de alimentos
El procesado de alimentos es un aspecto crítico de la sociedad moderna, que proporciona comodidad y accesibilidad a una amplia gama de productos alimentarios. La influencia del microbioma humano en el procesado de los alimentos es un tema de creciente interés y relevancia. La investigación ha demostrado que los microbios que residen en nuestro cuerpo pueden

interactuar con los componentes de los alimentos durante la digestión, la fermentación y el metabolismo, influyendo en la calidad nutricional general de los alimentos que consumimos. Por ejemplo, ciertas bacterias intestinales intervienen en la descomposición de los hidratos de carbono complejos, lo que puede afectar al índice glucémico de los alimentos. Además, la composición microbiana del intestino puede influir en la biodisponibilidad de nutrientes, como vitaminas y minerales, de la dieta. Comprender cómo interactúa el microbioma con el procesamiento de los alimentos puede conducir al desarrollo de intervenciones dietéticas específicas que promuevan la salud y prevengan enfermedades. Por tanto, explorar esta compleja relación es crucial para avanzar en nuestro conocimiento de cómo influye el microbioma humano en nuestro bienestar general.

Probióticos en los productos alimenticios

Las nuevas investigaciones han demostrado que la incorporación de probióticos a los productos alimenticios puede tener un impacto positivo en la salud humana. Los probióticos, que son bacterias y levaduras vivas beneficiosas para nuestro sistema digestivo, pueden ayudar a mantener un equilibrio saludable de la microbiota intestinal. Al consumir alimentos ricos en probióticos como el yogur, el kéfir y las verduras fermentadas, las personas pueden reforzar su sistema inmunitario, mejorar la digestión e incluso reducir potencialmente el riesgo de padecer ciertas enfermedades. La inclusión de probióticos en los productos alimentarios no sólo proporciona una forma cómoda de mejorar la salud intestinal, sino que también abre nuevas vías para la innovación en la industria alimentaria. Las empresas están desarrollando ahora una amplia gama de alimentos mejorados con probióticos, desde aperitivos a bebidas, para satisfacer la creciente demanda de alimentos funcionales que promuevan la salud y el bienestar. A medida que se investiga más en este campo, los beneficios potenciales de los probióticos en los productos alimentarios siguen ampliándose, ofreciendo perspectivas prometedoras para mejorar la salud humana en el futuro.

Tendencias futuras en tecnología alimentaria
Los avances en tecnología alimentaria están moldeando la forma en que consumimos, producimos y pensamos sobre los alimentos. De cara al futuro, una tendencia que está cobrando impulso es el uso de la biotecnología para mejorar el valor nutritivo y la seguridad de nuestros alimentos. Los investigadores están explorando el potencial de los organismos modificados genéticamente (OMG) para aumentar el rendimiento de las cosechas, mejorar la resistencia a plagas y enfermedades y aumentar el contenido de nutrientes de los alimentos. Con la previsión de que la población mundial alcance los 9.000 millones en 2050, estas innovaciones son cruciales para garantizar la seguridad alimentaria y la sostenibilidad. Además, hay un interés creciente por la nutrición personalizada, con una tecnología que permite personalizar las dietas basándose en la composición genética individual y la composición del microbioma. Este enfoque específico tiene el potencial de optimizar los resultados sanitarios y prevenir las enfermedades crónicas. Si adoptamos estas tendencias futuras de la tecnología alimentaria, podremos revolucionar nuestros sistemas alimentarios y mejorar el bienestar general de la sociedad.

XLIV. INICIATIVAS SANITARIAS MUNDIALES Y EL MICROBIOMA

Un área de investigación floreciente en el ámbito de las iniciativas sanitarias mundiales es la exploración del microbioma humano y su impacto en los resultados sanitarios. El microbioma, formado por billones de microorganismos que habitan en el cuerpo humano, se ha implicado en diversos procesos fisiológicos, que van desde la digestión a la función inmunitaria. La comprensión de las intrincadas interacciones entre el microbioma y la salud humana ha dado lugar a planteamientos innovadores en la asistencia sanitaria, como los probióticos dirigidos y los planes de nutrición personalizados. Aprovechando el potencial del microbioma, los investigadores y los profesionales sanitarios pretenden desarrollar estrategias novedosas para la prevención y el tratamiento de enfermedades a escala mundial. Las iniciativas centradas en el cultivo de un microbioma sano prometen revolucionar las prácticas sanitarias y promover el bienestar general de diversas poblaciones. A medida que el campo de la investigación sobre el microbioma siga ampliándose, la incorporación de estos descubrimientos a las iniciativas sanitarias mundiales está llamada a tener un impacto transformador en la salud pública y la prestación de asistencia sanitaria en todo el mundo.

Programas Internacionales de Salud

Los recientes avances en la comprensión del microbioma humano han puesto de relieve la importancia de los programas sanitarios internacionales para promover el bienestar global. Al tener en cuenta la diversa gama de comunidades microbianas que habitan en el cuerpo humano, estos programas pueden abordar las disparidades sanitarias y las enfermedades que trascienden las fronteras nacionales. Utilizando un enfoque multidisciplinar, las iniciativas de salud internacional pueden aplicar estrategias para mejorar el microbioma intestinal, potenciar las respuestas inmunitarias y combatir las enfermedades infecciosas a escala mundial. Las intervenciones específicas, como los probióticos, la medicina personalizada y las campañas de salud pública, tienen el potencial de remodelar los sistemas sanitarios y reducir la carga de enfermedades crónicas en todo el mundo. Además, las colaboraciones entre naciones pueden facilitar el intercambio de conocimientos y recursos para apoyar la investigación, la innovación y el desarrollo de políticas en el campo de la ciencia del microbioma. En última instancia, los programas sanitarios internacionales desempeñan un papel vital en la promoción de una comprensión holística de cómo las bacterias del cuerpo influyen en la salud humana y allanan el camino para mejorar los resultados de la asistencia sanitaria a escala mundial.

Papel de la investigación sobre el microbioma en la salud mundial

La investigación sobre el microbioma humano desempeña un papel crucial en el avance de las iniciativas sanitarias mundiales, al arrojar luz sobre la intrincada relación entre los microorganismos de nuestro cuerpo y diversos resultados sanitarios. Al descubrir las complejidades de cómo estas comunidades bacterianas interactúan con nuestro sistema inmunitario, metabolismo y funciones fisiológicas generales, la investigación sobre el microbioma ofrece valiosas perspectivas para la prevención y el tratamiento de una miríada de trastornos de la salud. Comprender el papel del microbioma en el mantenimiento de la homeostasis y la protección contra los patógenos tiene el potencial de revolucionar las prácticas sanitarias en todo el mundo. Además, la integración de los datos del microbioma en los enfoques de la medicina personalizada puede conducir a intervenciones más específicas y eficaces adaptadas a cada paciente, mejorando en última instancia los resultados sanitarios a escala mundial. A medida que seguimos profundizando en el mundo del microbioma humano, las implicaciones para la salud mundial son vastas y transformadoras.

Estrategias para la mejora de la salud mundial

La aplicación de estrategias eficaces para la mejora de la salud mundial es esencial para abordar los complejos retos a los que se enfrentan las poblaciones de todo el mundo. Una estrategia clave es invertir en sistemas de atención sanitaria primaria que se centren en medidas preventivas y en la intervención precoz, en lugar de limitarse al tratamiento de las enfermedades. Este enfoque puede ayudar a reducir la carga de los sistemas sanitarios y a mejorar los resultados generales en materia de salud. Además, promover la educación y la concienciación sobre prácticas higiénicas adecuadas, nutrición y programas de vacunación puede tener un impacto significativo en la prevención de la propagación de enfermedades infecciosas y en la mejora de la salud en general. Además, colaborar con organizaciones internacionales, gobiernos y comunidades locales para desarrollar soluciones sanitarias sostenibles adaptadas a regiones específicas puede garantizar el éxito a largo plazo en la promoción de la equidad sanitaria mundial. Integrando estas estrategias, podemos trabajar por un mundo más sano para todas las personas, independientemente de su situación geográfica o socioeconómica.

XLV. MICROBIOMA Y BIOTECNOLOGÍA

La biotecnología ha abierto posibilidades apasionantes para utilizar el microbioma humano en diversas aplicaciones. Aprovechando el poder de estos microorganismos, los investigadores pueden desarrollar soluciones innovadoras para la sanidad, la agricultura y la recuperación medioambiental. Una vía prometedora es el desarrollo de probióticos, bacterias vivas que pueden conferir beneficios para la salud cuando se consumen en cantidades adecuadas. Estos probióticos pueden adaptarse para tratar afecciones específicas, como la enfermedad inflamatoria intestinal o los trastornos metabólicos. Además, el microbioma puede aprovecharse en la producción de biocombustibles y bioplásticos, ofreciendo alternativas sostenibles a los productos tradicionales basados en la petroquímica. Con una mejor comprensión de las intrincadas interacciones entre el microbioma y la biotecnología, el potencial de avances en medicina, agricultura y ciencias medioambientales es enorme. Mientras seguimos explorando este campo floreciente, la integración de soluciones basadas en el microbioma en diversas industrias promete mejorar la salud humana y la sostenibilidad.

Aplicaciones biotecnológicas
Las aplicaciones de la biotecnología en la comprensión del microbioma humano han abierto una nueva frontera en la investigación sanitaria. Aprovechando herramientas biotecnológicas como la secuenciación de próxima generación, los científicos pueden ahora profundizar en las complejas comunidades microbianas que habitan nuestros cuerpos. Esto ha permitido identi-

ficar especies bacterianas específicas que desempeñan funciones clave en procesos como la digestión, la respuesta inmunitaria e incluso la salud mental. Además, los avances biotecnológicos han allanado el camino para el desarrollo de una medicina personalizada basada en el perfil microbiológico único de cada individuo. Este enfoque específico es muy prometedor para tratar afecciones que van desde trastornos gastrointestinales a enfermedades autoinmunes. A medida que aumenta nuestro conocimiento del microbioma humano, también lo hace el potencial de intervenciones biotecnológicas innovadoras que podrían revolucionar las prácticas sanitarias y mejorar el bienestar general.

Innovaciones en la ingeniería del microbioma
Los recientes avances en la ingeniería del microbioma han abierto nuevas posibilidades para comprender y manipular las complejas comunidades microbianas que habitan en nuestros cuerpos. Utilizando tecnologías de vanguardia como CRISPR-Cas9 y la biología sintética, los investigadores pueden dirigirse a bacterias específicas del microbioma para modificar su composición genética, lo que podría conducir a nuevos tratamientos para diversas enfermedades. Por ejemplo, los probióticos manipulados podrían diseñarse para producir moléculas terapéuticas o para atacar selectivamente microbios patógenos, ofreciendo un enfoque más preciso y personalizado para combatir infecciones o enfermedades. Además, los consorcios microbianos bioingenierizados podrían restablecer el equilibrio microbiano en microbiomas alterados, promoviendo la salud y el bienestar generales. Estas estrategias innovadoras de ingeniería del microbioma son muy prometedoras para revolucionar el

campo de la medicina y mejorar la salud humana de formas que antes se consideraban imposibles. Aprovechando el poder de la manipulación microbiana, podemos abrir una nueva era de medicina personalizada adaptada al perfil microbiano único del individuo.

Consideraciones éticas y de seguridad

Además, deben examinarse cuidadosamente las consideraciones éticas y de seguridad al realizar investigaciones sobre el microbioma humano. A medida que profundizamos en la comprensión de la intrincada relación entre las bacterias de nuestro cuerpo y nuestra salud, es esencial dar prioridad al bienestar y los derechos de las personas implicadas. Los investigadores deben asegurarse de obtener el consentimiento informado de los participantes y de respetar su autonomía y privacidad durante todo el estudio. Además, deben tomarse medidas para minimizar los posibles riesgos o daños que puedan derivarse de las intervenciones o tratamientos relacionados con el microbioma. Esto implica un control exhaustivo de los posibles efectos secundarios y reacciones adversas, así como el cumplimiento de estrictas directrices éticas para garantizar la seguridad de los participantes. Respetando estos principios éticos y dando prioridad a las consideraciones de seguridad, los investigadores pueden llevar a cabo investigaciones significativas y responsables sobre el microbioma humano, manteniendo al mismo tiempo los más altos niveles de integridad y respeto por los sujetos humanos.

XLVI. RETOS EN LA TRASLACIÓN DE LA INVESTIGACIÓN SOBRE EL MICROBIOMA

La investigación sobre el microbioma humano ha revelado una plétora de retos a la hora de traducir los descubrimientos en aplicaciones prácticas. Uno de los principales obstáculos es la enorme complejidad y diversidad del propio microbioma. Con billones de microorganismos residiendo en el cuerpo humano, identificar y comprender sus funciones e interacciones individuales puede ser una tarea monumental. Además, el microbioma es muy dinámico y está influido por diversos factores, como la dieta, el medio ambiente y la genética. Estas complejidades dificultan la extracción de conclusiones definitivas a partir de los resultados de la investigación y su aplicación en un entorno clínico. Además, faltan metodologías y herramientas estandarizadas para estudiar el microbioma, lo que provoca incoherencias en los resultados de la investigación. A medida que nos esforzamos por salvar la distancia entre la investigación del microbioma y las aplicaciones en el mundo real, será esencial abordar estos retos para aprovechar todo el potencial de este floreciente campo para mejorar la salud humana.

Del laboratorio a la clínica
La transición del laboratorio a la clínica en el estudio del microbioma humano marca una encrucijada crítica en la que los conocimientos teóricos se traducen en aplicaciones prácticas en beneficio de la salud humana. A medida que los investigadores descubren las intrincadas interacciones entre el microbioma y diversos estados de enfermedad, el potencial de las intervenciones dirigidas y los tratamientos personalizados se hace cada

vez más factible. Al identificar poblaciones bacterianas específicas asociadas a determinadas afecciones, como la enfermedad inflamatoria intestinal o la obesidad, los médicos pueden desarrollar terapias a medida destinadas a restablecer el equilibrio microbiano y promover el bienestar. Además, los avances tecnológicos, como la metagenómica y la bioinformática, han permitido comprender mejor el papel del microbioma en la fisiología humana. Al salvar la distancia entre los resultados de la investigación y la práctica clínica, la integración de los enfoques basados en el microbioma en la asistencia sanitaria general promete revolucionar la forma en que diagnosticamos, tratamos y prevenimos las enfermedades en el futuro.

Barreras en la aplicación clínica
La integración de los resultados de la investigación del microbioma humano en la práctica clínica tropieza con diversas barreras que dificultan su aplicación efectiva. Un reto importante es la complejidad y diversidad de la microbiota, que dificulta la identificación de patrones coherentes o el establecimiento de relaciones claras de causa y efecto entre las composiciones microbianas y los resultados de salud. Además, la falta de metodologías estandarizadas para el muestreo, el análisis y la interpretación de los datos del microbioma supone un obstáculo sustancial para traducir los resultados de la investigación en intervenciones clínicas procesables. Por otra parte, la ausencia de directrices o protocolos exhaustivos para incorporar diagnósticos y terapias basados en el microbioma a los sistemas sanitarios existentes dificulta aún más la integración de este campo emergente en la práctica clínica rutinaria. Para superar estas barreras, los esfuerzos deben dirigirse a desarrollar protocolos

estandarizados, fomentar la colaboración interdisciplinar y promover directrices basadas en pruebas para apoyar la aplicación eficaz de la investigación sobre el microbioma en entornos clínicos.

Estrategias para superar los retos
Para abordar los innumerables retos asociados a la comprensión y manipulación del microbioma humano, pueden emplearse diversas estrategias. Un enfoque clave es aprovechar las tecnologías avanzadas de secuenciación para desentrañar las complejas interacciones entre las comunidades microbianas y las células huésped. Esto puede aportar información valiosa sobre la composición y las funciones del microbioma, arrojando luz sobre cómo contribuye a la salud o la enfermedad. Además, intervenciones específicas como los probióticos, los prebióticos y el trasplante de microbiota fecal ofrecen vías prometedoras para modular el microbioma y restablecer el equilibrio microbiano en el organismo. Además, el fomento de colaboraciones interdisciplinarias entre investigadores de distintos campos -como la microbiología, la inmunología y la bioinformática- puede conducir a soluciones innovadoras para descifrar las complejidades del microbioma. Combinando estas estrategias, los investigadores pueden superar los retos que plantea el microbioma humano y allanar el camino para novedosas intervenciones terapéuticas que aprovechen el poder de las bacterias beneficiosas para promover la salud y prevenir enfermedades.

XLVII. MICROBIOMA Y SEGURIDAD PÚBLICA

La intrincada relación entre el microbioma humano y la seguridad pública es un área emergente de investigación que conlleva importantes implicaciones para la sociedad. A medida que profundizamos en las comunidades microbianas que residen en nuestros cuerpos, desvelamos una compleja red de interacciones que van más allá de los resultados de salud individuales. El microbioma puede influir en la seguridad pública por su implicación en diversas enfermedades infecciosas, la resistencia a los antibióticos e incluso los trastornos mentales. Comprender cómo influye el microbioma en estos factores puede conducir a estrategias más eficaces para controlar los brotes de enfermedades, combatir los patógenos resistentes a los medicamentos y promover el bienestar general a mayor escala. Aprovechando el poder de la investigación del microbioma, podemos abrir nuevas vías para salvaguardar la salud pública y mejorar las medidas de seguridad en diversas poblaciones. Esta intersección entre el microbioma y la seguridad pública representa una frontera prometedora en la asistencia sanitaria y la política pública, que pone de relieve el papel vital de las comunidades microbianas en la conformación del bienestar de la sociedad en su conjunto.

Problemas de bioseguridad
El microbioma humano plantea importantes problemas de bioseguridad que deben considerarse cuidadosamente en el ámbito de la salud pública y la práctica médica. Con el aumento de bacterias resistentes a los antibióticos y la posibilidad de que

los agentes patógenos se propaguen rápidamente en las poblaciones, es esencial comprender y gestionar el microbioma. La investigación ha demostrado que las alteraciones de la composición normal del microbioma pueden provocar una serie de problemas de salud, desde trastornos inflamatorios hasta desequilibrios metabólicos. Por tanto, es crucial desarrollar estrategias para mantener un microbioma sano y mitigar los riesgos asociados a las comunidades microbianas perjudiciales. Promoviendo un ecosistema equilibrado de bacterias beneficiosas, podemos reducir potencialmente la incidencia de infecciones y mejorar el bienestar general. Aprovechar el poder del microbioma teniendo en cuenta los riesgos para la bioseguridad puede allanar el camino para enfoques innovadores de la asistencia sanitaria que den prioridad a la prevención y a los tratamientos personalizados.

El microbioma en la vigilancia de enfermedades

Las nuevas pruebas sugieren que el microbioma humano desempeña un papel importante en la vigilancia de las enfermedades. Analizando la composición y la dinámica de la microbiota, los investigadores pueden identificar señales de alerta temprana de diversas enfermedades, permitiendo intervenciones preventivas antes de que se manifiesten los síntomas clínicos. Este enfoque es muy prometedor para prevenir la aparición de afecciones como la enfermedad inflamatoria intestinal, la diabetes e incluso ciertos tipos de cáncer. La capacidad del microbioma para influir en el sistema inmunitario y los procesos metabólicos subraya su importancia como agente clave en el desarrollo y la progresión de las enfermedades. El aprovechamiento de estos conocimientos para la medicina personalizada podría revolucionar la asistencia sanitaria al permitir intervenciones específicas que aborden la causa fundamental de las enfermedades en lugar de limitarse a tratar los síntomas. A medida que avanza la investigación en este campo, la integración del análisis del microbioma en los protocolos de vigilancia de las enfermedades tiene el potencial de potenciar la detección precoz, mejorar los resultados del tratamiento y, en última instancia, redefinir el paradigma de la prestación de asistencia sanitaria.

Estrategias de seguridad pública
Para mantener la seguridad pública, es imprescindible aplicar una serie de estrategias que aborden la compleja naturaleza de las amenazas modernas. Un enfoque clave es el uso de la tecnología para mejorar los sistemas de vigilancia y control, permitiendo la detección temprana de riesgos potenciales y la respuesta rápida a las emergencias. Además, fomentar las asociaciones comunitarias y comprometerse con las partes interesadas locales puede ayudar a generar confianza, promover el intercambio de información y aumentar la resiliencia general. Los programas de formación para el personal de las fuerzas de seguridad y los primeros intervinientes son esenciales para garantizar una respuesta proactiva y eficaz a las crisis. Invertir en investigación y desarrollo para adelantarse a las amenazas emergentes y reevaluar y actualizar continuamente las políticas de seguridad pública son componentes cruciales de una estrategia integral. Adoptando un enfoque multidimensional que combine tecnología, compromiso con la comunidad, formación e innovación, podemos trabajar por un futuro más seguro para todos.

XLVIII. DIRECCIONES FUTURAS EN LA INVESTIGACIÓN DEL MICROBIOMA

Al mirar hacia el futuro de la investigación sobre el microbioma, es esencial considerar las posibles aplicaciones de nuestros crecientes conocimientos en este campo. Una prometedora vía de exploración es el desarrollo de tratamientos personalizados basados en el microbioma y adaptados a cada paciente. Al comprender cómo influyen las bacterias específicas en los resultados de salud de los distintos individuos, podemos trabajar para conseguir intervenciones más específicas que tengan en cuenta la composición única del microbioma de cada persona. Además, es necesario seguir investigando para dilucidar los mecanismos a través de los cuales el microbioma influye en diversas enfermedades, allanando el camino para nuevos enfoques terapéuticos. Integrar los avances en la investigación del microbioma con otros campos como la genética y la inmunología también será crucial para desentrañar las complejas interacciones dentro del cuerpo humano. De cara al futuro, la colaboración entre investigadores de diversas disciplinas será clave para liberar todo el potencial de las intervenciones basadas en el microbioma para mejorar la salud y el bienestar humanos.

Áreas de investigación emergentes
A medida que la investigación en el campo del microbioma humano sigue ampliándose, varias áreas emergentes están ganando terreno en la comunidad científica. Una de ellas es el papel del eje intestino-cerebro en la salud mental y la función cognitiva. Al estudiar la intrincada relación entre la microbiota

intestinal y el sistema nervioso central, los investigadores esperan descubrir nuevos conocimientos sobre los mecanismos por los que nuestras bacterias intestinales pueden influir en nuestro estado de ánimo, comportamiento e incluso enfermedades neurológicas. Además, los avances en metagenómica y biología computacional han permitido a los científicos profundizar en las complejas comunidades microbianas que residen en diversos lugares del cuerpo, lo que conduce a una mejor comprensión del impacto global del microbioma en la salud humana. A través de estas áreas de investigación emergentes, estamos empezando a desentrañar la profunda influencia que tienen las bacterias de nuestro cuerpo en nuestro bienestar, allanando el camino para intervenciones terapéuticas innovadoras y enfoques de medicina personalizada en el futuro.

Avances potenciales
Hasta ahora, la investigación sobre el microbioma humano ha revelado innumerables avances potenciales que podrían revolucionar la asistencia sanitaria en el futuro. Un área de descubrimiento apasionante es la relación entre las bacterias intestinales y la salud mental. Los estudios han demostrado que la microbiota de nuestros intestinos puede influir en nuestro estado de ánimo, comportamiento e incluso función cognitiva a través del eje intestino-cerebro. Esto abre nuevas posibilidades para tratar trastornos mentales como la depresión y la ansiedad actuando sobre el microbioma intestinal. Otra prometedora vía de investigación es el potencial de las terapias personalizadas basadas en el microbioma. Comprendiendo la composición única de la microbiota de cada individuo, los científicos podrían desa-

rrollar tratamientos personalizados más eficaces para problemas de salud concretos. Estos avances pueden mejorar enormemente la calidad de la asistencia sanitaria y revolucionar nuestra comprensión de la intrincada conexión entre nuestros cuerpos y los billones de bacterias que residen en nuestro interior.

Objetivos de investigación a largo plazo
Al mirar hacia el futuro de la investigación del microbioma humano, es esencial establecer objetivos a largo plazo que guíen nuestros esfuerzos para comprender la intrincada relación entre las bacterias de nuestro cuerpo y nuestra salud. Uno de los objetivos principales debería ser explorar las posibles aplicaciones terapéuticas de la manipulación del microbioma para tratar diversas enfermedades y afecciones. Esto incluye el desarrollo de intervenciones específicas que puedan restablecer el equilibrio microbiano en personas que sufren disbiosis u otros trastornos relacionados con el microbioma. Además, los objetivos de investigación a largo plazo deben centrarse en dilucidar los mecanismos por los que el microbioma influye en la función inmunitaria, el metabolismo y los procesos neurológicos. Al desentrañar estas intrincadas vías, podemos descubrir nuevas oportunidades de intervención que aprovechen el poder del microbioma para promover la salud y prevenir la enfermedad. En última instancia, el establecimiento de objetivos claros de investigación a largo plazo garantizará que sigamos avanzando de forma significativa en el descubrimiento de todo el potencial del microbioma humano.

XLIX. RESUMEN DE LAS PRINCIPALES CONCLUSIONES

Al examinar los hallazgos clave del microbioma humano, se hace evidente que la intrincada relación entre las bacterias que residen en nuestro cuerpo y nuestra salud general es multifacética y dinámica. Mediante investigaciones y análisis exhaustivos, se ha establecido que la composición del microbioma puede tener profundas implicaciones en diversos aspectos de la salud humana, que van desde el metabolismo y la función inmunitaria hasta el bienestar mental y la susceptibilidad a las enfermedades. La diversidad y la estabilidad del microbioma han surgido como factores cruciales para mantener una relación equilibrada y armoniosa entre los microorganismos y el huésped. Además, la influencia de factores externos como la dieta, el estilo de vida y las exposiciones ambientales en la composición del microbioma pone aún más de relieve la intrincada interacción entre las comunidades microbianas y la fisiología humana. Estos hallazgos clave subrayan la importancia de comprender y nutrir el microbioma humano para favorecer una salud y un bienestar óptimos.

Principales conclusiones del ensayo
El ensayo sobre el microbioma humano ofrece varias revelaciones importantes sobre la intrincada relación entre nuestro cuerpo y las bacterias que lo habitan. Una revelación clave es el importante impacto que estos microorganismos tienen en nuestra salud, influyendo en todo, desde nuestro sistema inmunitario hasta nuestro metabolismo. Al comprender el delicado equilibrio del microbioma, los investigadores pueden desarrollar

terapias específicas para tratar una miríada de enfermedades y afecciones. Además, el ensayo arroja luz sobre la importancia de mantener un microbioma diverso y sano mediante factores como la dieta, las elecciones de estilo de vida y las intervenciones médicas. Esto subraya la necesidad de enfoques personalizados de la asistencia sanitaria que tengan en cuenta el perfil microbioma único de cada individuo. En general, el ensayo subraya el papel vital que desempeñan las bacterias en la formación de nuestra salud y destaca el potencial de aprovechar este conocimiento para mejorar los resultados en diversas afecciones de salud.

Implicaciones para la investigación futura
De cara al futuro, las implicaciones de la investigación futura para comprender el microbioma humano son amplias y prometedoras. La investigación ya ha demostrado la intrincada relación entre el microbioma y diversos trastornos de salud, lo que abre vías para terapias e intervenciones específicas. Los estudios futuros podrían profundizar en los mecanismos por los que cepas bacterianas específicas influyen en los procesos metabólicos, las respuestas inmunitarias y los resultados generales de salud. Además, explorar el papel del microbioma en diferentes poblaciones y cómo puede influir en la medicina personalizada podría conducir a intervenciones más adaptadas a las personas en función de su composición microbiana única. Seguir investigando la naturaleza dinámica del microbioma y cómo responde a los cambios en el estilo de vida, la dieta y los factores externos podría aportar ideas sobre estrategias preventivas y opciones de tratamiento. A medida que seguimos desentrañando las complejidades del microbioma humano, las posibilidades de

mejorar los resultados sanitarios son inmensas.

Relevancia para la salud y la enfermedad
Nunca se insistirá lo suficiente en la importancia del microbioma humano para la salud y la enfermedad. La investigación ha demostrado que los billones de bacterias que viven en y sobre nuestro cuerpo tienen un impacto directo en nuestro sistema inmunitario, metabolismo e incluso en nuestra salud mental. La disbiosis, o desequilibrio del microbioma, se ha relacionado con una serie de problemas de salud, como la obesidad, la diabetes, la enfermedad inflamatoria intestinal e incluso ciertos tipos de cáncer. Comprender la interacción entre el microbioma y la enfermedad es esencial para desarrollar tratamientos e intervenciones personalizados que se dirijan a la raíz de los problemas de salud, en lugar de limitarse a tratar los síntomas. Al centrarse en restablecer el equilibrio del microbioma mediante probióticos, prebióticos o trasplantes fecales, los investigadores y los profesionales médicos pueden revolucionar potencialmente la forma en que abordamos y tratamos una amplia gama de afecciones de salud. Las implicaciones de la investigación del microbioma en la salud humana son profundas y ofrecen nuevas vías para intervenciones terapéuticas y estrategias preventivas que podrían mejorar la vida de millones de personas en todo el mundo.

L. IMPLICACIONES PARA LA POLÍTICA Y LA PRÁCTICA

La comprensión del microbioma humano tiene profundas implicaciones para la política y la práctica en los ámbitos de la asistencia sanitaria, la nutrición y la salud pública. Al reconocer la intrincada relación entre los microbios que residen en nuestro cuerpo y nuestro bienestar general, los responsables políticos pueden formular intervenciones específicas para prevenir y tratar multitud de trastornos de salud. Por ejemplo, las iniciativas que promueven un microbioma diverso y equilibrado mediante la dieta, los probióticos o los trasplantes fecales podrían revolucionar la forma en que abordamos enfermedades crónicas como la obesidad, los trastornos autoinmunitarios y los problemas de salud mental. Además, la integración del análisis del microbioma en la práctica médica habitual podría permitir planes de tratamiento personalizados que aprovechen el poder de las bacterias beneficiosas para optimizar los resultados de salud individuales. Al salvar la distancia entre la investigación científica y las aplicaciones prácticas, los avances en la ciencia del microbioma tienen el potencial de transformar la prestación de asistencia sanitaria y dar forma a las políticas de salud pública en los años venideros.

Recomendaciones para los profesionales sanitarios

A la luz del importante impacto que tiene el microbioma humano en nuestra salud, es imprescindible que los profesionales sanitarios estén bien informados sobre este intrincado sistema del organismo. Una recomendación clave para los profesionales sanitarios es mantenerse al día de las últimas investigaciones y descubrimientos en la ciencia del microbioma. Comprender el papel de las distintas especies bacterianas y sus interacciones puede conducir a planes de tratamiento más personalizados y eficaces para los pacientes. Además, los médicos deben considerar el uso de probióticos y prebióticos para promover un microbioma sano, ya que estos suplementos pueden ayudar a restablecer el equilibrio de la microbiota intestinal. Además, es esencial educar a los pacientes sobre la importancia de mantener un microbioma diverso y resistente mediante una dieta equilibrada rica en fibra y alimentos fermentados. Al incorporar estas recomendaciones a su práctica, los profesionales sanitarios pueden mejorar los resultados de los pacientes y mejorar la salud y el bienestar generales.

Implicaciones políticas
Las implicaciones de la comprensión del microbioma humano van mucho más allá de los ámbitos de la asistencia sanitaria y la medicina. Los responsables políticos deben tener en cuenta el impacto social más amplio de la investigación del microbioma, sobre todo en ámbitos como la salud pública, la producción de alimentos y la sostenibilidad medioambiental. Una implicación política fundamental es la necesidad de aumentar la financiación y el apoyo a la investigación del microbioma para liberar todo su potencial en la revolución de la medicina personalizada y las estrategias de salud preventiva. Además, los responsables políticos deben abordar las cuestiones relacionadas con la concienciación y la educación públicas sobre la importancia de un microbioma sano, así como las normativas sobre el uso de terapias y productos basados en el microbioma. Además, deben establecerse políticas que promuevan el desarrollo

de entornos favorables al microbioma, tanto en los entornos sanitarios como en la vida cotidiana. Al incorporar la investigación sobre el microbioma a las decisiones políticas, podemos allanar el camino hacia un futuro más saludable para todas las personas.

Aplicaciones prácticas de los resultados de la investigación

Las aplicaciones prácticas de los hallazgos de la investigación relacionados con el microbioma humano son amplias y ofrecen un gran potencial para mejorar los resultados sanitarios. Un área en la que pueden aplicarse estos hallazgos es la medicina personalizada, en la que la composición única del microbioma de un individuo puede utilizarse para adaptar los planes de tratamiento de diversas enfermedades. Al comprender cómo interactúan determinadas bacterias con el organismo, los investigadores pueden desarrollar terapias específicas que actúen en armonía con el microbioma en lugar de contra él. Además, la investigación sobre el microbioma humano puede revolucionar los campos de la nutrición y los probióticos, ya que los científicos descubren el papel que desempeñan las bacterias intestinales en la digestión, el metabolismo y la salud en general. En última instancia, las aplicaciones prácticas de la investigación sobre el microbioma humano tienen el potencial de transformar las prácticas sanitarias y mejorar los resultados para una amplia gama de personas.

LI. CONCLUSIÓN

En conclusión, el microbioma humano es un ecosistema complejo y dinámico que desempeña un papel importante en nuestra salud y bienestar. Mediante interacciones con nuestro sistema inmunitario, metabolismo y cerebro, los billones de bacterias que residen en nuestro cuerpo ejercen profundos efectos en diversos aspectos de nuestra fisiología. Comprender las complejidades del microbioma humano abre nuevas vías para las intervenciones terapéuticas y la medicina personalizada. Modulando la composición de nuestras comunidades microbianas mediante la dieta, los probióticos o los trasplantes fecales, podríamos mejorar diversas afecciones de salud, desde trastornos gastrointestinales hasta problemas de salud mental. Sin embargo, se necesita más investigación para dilucidar plenamente los mecanismos que subyacen a la influencia del microbioma en la salud humana y para desarrollar intervenciones específicas que aprovechen el potencial de estos aliados microscópicos. A medida que seguimos desentrañando los misterios del microbioma humano, estamos entrando en una era apasionante de la ciencia médica en la que la asistencia sanitaria de precisión adaptada a nuestros perfiles microbianos únicos puede convertirse en una realidad.

Recapitulación de la tesis y puntos principales

En conclusión, el análisis del microbioma humano ha revelado la intrincada relación entre las bacterias que residen en nuestro cuerpo y su impacto en nuestra salud. Mediante la exploración de diversos estudios de investigación y hallazgos, se ha hecho evidente que el microbioma desempeña un papel importante en la regulación de las respuestas inmunitarias, el metabolismo e incluso la salud mental. Si comprendemos el delicado equilibrio de nuestras comunidades microbianas, podremos aprovechar estos conocimientos para desarrollar intervenciones dirigidas a una serie de problemas de salud. Además, se ha demostrado que la diversidad y la composición del microbioma varían significativamente de una persona a otra, lo que pone de relieve la necesidad de enfoques personalizados en la asistencia sanitaria. A medida que seguimos desentrañando las complejidades del microbioma humano, es imperativo que reconozcamos su potencial como agente clave para mantener una salud y un bienestar óptimos. Las implicaciones de esta investigación son enormes y pueden revolucionar la forma en que abordemos la asistencia sanitaria en el futuro.

Perspectivas de futuro en la investigación del microbioma
Al mirar hacia el futuro de la investigación del microbioma, se vislumbran avances y descubrimientos significativos. Con tecnologías emergentes como la metagenómica, la metabolómica y la secuenciación unicelular, los investigadores están obteniendo conocimientos sin precedentes sobre la intrincada relación entre el microbioma y la salud humana. Estas herramientas permiten una comprensión más profunda de las complejas interacciones dentro del ecosistema del microbioma y su impacto en diversos estados de enfermedad. Además, la integración de la inteligencia artificial y los algoritmos de aprendizaje automático en el análisis de ingentes cantidades de datos sobre el microbioma encierra el potencial de descubrir novedosas intervenciones terapéuticas y tratamientos personalizados. A medida que seguimos desentrañando las complejidades del microbioma

humano, el futuro es prometedor para el desarrollo de terapias dirigidas que aprovechen el poder de nuestros habitantes microbianos para mejorar los resultados sanitarios y remodelar el panorama de la medicina. El potencial de la investigación del microbioma para revolucionar la asistencia sanitaria es enorme y ofrece una nueva frontera de posibilidades en la medicina personalizada y la prevención de enfermedades.

Observaciones finales
En conclusión, el microbioma humano es un complejo ecosistema de bacterias que desempeñan un papel vital en el mantenimiento de nuestra salud e influyen en nuestra susceptibilidad a las enfermedades. La interacción entre los microbios que habitan en nuestro cuerpo y nuestro bienestar general es un campo de estudio dinámico que sigue revelando nuevos conocimientos sobre los entresijos de la biología humana. Si comprendemos el delicado equilibrio del microbioma, podremos abrir nuevas vías para las intervenciones terapéuticas y la medicina personalizada. A medida que avanza la investigación en este campo, cada vez está más claro que nuestros habitantes microbianos no son meros espectadores, sino participantes activos en la configuración de los resultados de nuestra salud. De cara al futuro, será crucial seguir explorando las interacciones entre nuestro microbioma y diversos estados de enfermedad para desarrollar intervenciones específicas que aprovechen el poder de estos aliados microscópicos para mejorar la salud humana.

BIBLIOGRAFÍA

Barry White. 'Mapeando tu tesis'. ACER Press, 1/6/2011

Comité de Evaluación de la Ciencia y la Ingeniería de la Rehabilitación. Enabling America. Evaluar el papel de la ciencia y la ingeniería de la rehabilitación, Instituto de Medicina, National Academies Press, 24/11/1997

Academia Nacional de Ciencias. 'Implicaciones políticas del calentamiento por efecto invernadero'. Mitigation, Adaptation, and the Science Base, Academia Nacional de Ingeniería, National Academies Press, 2/1/1992

Organización Mundial de la Salud. 'Mejorar la calidad de la asistencia sanitaria en Europa: características, eficacia y aplicación de las distintas estrategias'. Características, eficacia y aplicación de diferentes estrategias, OCDE, Publicaciones de la OCDE, 17/10/2019

Jeffrey J. Shook. 'La infancia, la juventud y el trabajo social en transformación'. Implicaciones para la política y la práctica, Lynn M. Nybell, Columbia University Press, 30/1/2009

División de Ciencias Sociales y del Comportamiento y Educación. 'Saber lo que saben los alumnos'. The Science and Design of Educational Assessment, Consejo Nacional de Investigación, National Academies Press, 27/10/2001.

Santosh Kumar. 'Ingeniería de software basada en componentes'. Métodos y métricas, Umesh Kumar Tiwari, CRC Press, 18/11/2020

Estados Unidos. 'Congreso. Cámara de Representantes. Comité de Ciencia y Tecnología. Subcomité de Recursos Naturales, Investigación Agrícola y Medio Ambiente. Necesidades de investigación agrícola a largo plazo del país', U.S. House of Representatives, Ninety-seventh Congress, Second Session, July 27, 29, 1982, U.S. Government Printing Office, 1/1/1983

Andrew Hargadon. 'Cómo se producen los avances'. La sorprendente verdad sobre cómo innovan las empresas, Harvard Business Press, 1/1/2003

División de Estudios sobre la Tierra y la Vida. 'Nuevas orientaciones de investigación para la Agencia Nacional de Inteligencia Geoespacial'. Informe del taller, Consejo Nacional de Investigación, National Academies Press, 18/8/2010

P.J. Ortmeier. 'Administración de la Seguridad Pública'. Gulf Professional Publishing, 9/10/1998

Junta de Ciencias de la Vida. 'Retos de bioseguridad de la expansión mundial de los laboratorios biológicos de alta contención'. Committee on Anticipating Biosecurity Challenges of the Global Expansion of High-Containment Biological Laboratories, National Academies Press, 16/3/2012.

Adriano Fabris. 'Confianza'. Un enfoque filosófico, Springer Nature, 4/6/2020

Comité de la Iniciativa de la Fundación Robert Wood Johnson sobre el Futuro de la Enfermería, en el Instituto de Medicina. 'El futuro de la enfermería'. Leading Change, Advancing Health, Instituto de Medicina, National Academies Press, 2/8/2011

Jorge L. Sepúlveda. 'Resultados precisos en el laboratorio clínico'. Guía para la detección y corrección de errores, Amitava Dasgupta, Newnes, 1/22/2013

Asociación Americana de Enfermeras. 'Código Deontológico para Enfermeras con Declaraciones Interpretativas'. Nursesbooks.org, 1/1/2001

Matthew W. Chang. 'Principios de ingeniería del microbioma'. John Wiley & Sons, 5/3/2022

James C. Ogbonna. 'Microbiomas y aplicaciones emergentes'. Nwadiuto (Diuto) Esiobu, CRC Press, 5/10/2022

Robert E. Black. 'Salud Global'. Enfermedades, programas, sistemas y políticas, Michael H. Merson, Jones & Bartlett Publishers, 19/8/2011

Ram B. Singh. 'El papel de la seguridad alimentaria funcional en la salud mundial'. Ronald Ross Watson, Elsevier Science, 13/11/2018

Craig Leadley. 'Innovación y tendencias futuras en la fabricación de alimentos y tecnologías de la cadena de suministro'. Woodhead Publishing, 18/11/2015

Sarah Wernick. 'La revolución de los probióticos'. La guía definitiva de soluciones seguras y naturales para la salud mediante alimentos y suplementos probióticos y prebióticos, Gary B. Huffnagle, Random House Publishing Group, 24/06/2008

Marion Nestle. 'Política alimentaria'. Cómo influye la industria alimentaria en la nutrición y la salud, University of California Press, 14/05/2013

Roland R. Arnold. 'Cómo los alimentos fermentados alimentan una microbiota intestinal sana'. A Nutrition Continuum, M. Andrea Azcarate-Peril, Springer Nature, 28/11/2019

Thomas A. Lyson. 'Rehacer el sistema alimentario norteamericano'. Estrategias para la sostenibilidad, C. Clare Hinrichs, U of Nebraska Press, 1/1/2007

Alexander Wezel. 'Prácticas agroecológicas para una agricultura sostenible: Principios, Aplicaciones y Haciendo la Transición'. World Scientific, 19/06/2017

Helen Hayden. 'Salud del suelo, biología del suelo, enfermedades transmitidas por el suelo y agricultura sostenible'. Una guía, Graham Stirling, Csiro Publishing, 3/1/2016

Saima Hamid. 'Microbiómica y producción sostenible de cultivos'. Mohammad Yaseen Mir, John Wiley & Sons, 27/3/2023

División de Estudios de la Tierra y la Vida. 'Químicos ambientales, el microbioma humano y el riesgo para la salud'. A Research Strategy, Academias Nacionales de Ciencias, Ingeniería y Medicina, National Academies Press, 3/1/2018

Arlene McDowell. 'Fármacos de acción prolongada para la salud animal'. Fundamentos y aplicaciones, Michael J. Rathbone, Springer Science & Business Media, 10/12/2012

Glenn Zhang. 'Microbiota intestinal, inmunidad y salud en animales de producción'. Michael H. Kogut, Springer Nature, 19/1/2022

Ezequiel J. Emanuel. 'Aspectos éticos y normativos de la investigación clínica'. Lecturas y comentarios, Johns Hopkins University Press, 1/1/2003

Sarvadaman Pathak. 'Ansiedad, microbioma intestinal y nutracéuticos'. Tendencias recientes y pruebas clínicas, Yashwant V. Pathak, CRC Press, 26/09/2023

Alan C. Logan. 'La vida secreta de tu microbioma'. Por qué la naturaleza y la biodiversidad son esenciales para la salud y la felicidad, Susan L. Prescott, New Society Publishers, 9/1/2017

John C. Coffee. 'Litigios empresariales'. Its Rise, Fall, and Future, Harvard University Press, 6/8/2015

Roger Fisher. 'Mejorar el cumplimiento del Derecho Internacional'. University Press of Virginia, 1/1/1981

Robert P. Benko. 'Proteger los derechos de propiedad intelectual'. Cuestiones y Controversias, American Enterprise Institute for Public Policy Research, 1/1/1987

Laura Bowater. 'Los microbios contraatacan'. Resistencia a los antibióticos, Real Sociedad de Química, 25/10/2017

División de Servicios de Atención Sanitaria. 'El Futuro de la Salud Pública'. Comité para el Estudio del Futuro de la Salud Pública, National Academies Press, 15/1/1988

Ralf Junker. 'Pruebas en el punto de atención'. Principios y aplicaciones clínicas, Peter Luppa, Springer, 18/07/2018

División de Ciencias Sociales y del Comportamiento y Educación. 'Fomentar un desarrollo mental, emocional y conductual saludable en niños y jóvenes'. A National Agenda, Academias Nacionales de Ciencias, Ingeniería y Medicina, National Academies Press, 18/1/2020

B Reusens. 'Alimentos funcionales, envejecimiento y enfermedades degenerativas'. C Remacle, Elsevier, 6/9/2004

Antara Banerjee. 'Microbioma intestinal y envejecimiento cerebral'. Envejecimiento cerebral, Surajit Pathak, Springer Nature Singapur, 19/4/2024

División de Estudios sobre la Tierra y la Vida. 'La química de los microbiomas'. Actas de una serie de seminarios, Academias Nacionales de Ciencias, Ingeniería y Medicina, National Academies Press, 19/7/2017

Catherine Stanton. 'El eje intestino-cerebro'. Intervenciones dietéticas, probióticas y prebióticas sobre la microbiota, Niall Hyland, Elsevier, 12/7/2023

B.E. Leonard. 'Los microbios y la mente'. El impacto del microbioma en la salud mental, C.S.M. Cowan, Editorial Médica y Científica Karger, 5/6/2021

Heinz Rupp. 'Fisiopatología de las enfermedades cardiovasculares'. Naranjan S. Dhalla, Springer Science & Business Media, 12/6/2012

Amedeo Amedei. 'Microbiota intestinal e inflamación: Relevancia en el Cáncer y las Enfermedades Cardiovasculares'. Cinzia Parolini, Frontiers Media SA, 2/9/2021

Antonio Salgado-Somoza. 'Nuevas funciones de la microbiota intestinal en la patogénesis de los trastornos metabólicos'. Isabel Moreno-Indias, Frontiers Media SA, 10/1/2021

Ramanan Laxminarayan. 'Prioridades en el Control de Enfermedades, Tercera Edición (Volumen 2)'. Salud Reproductiva, Materna, Neonatal e Infantil, Robert Black, Publicaciones del Banco Mundial, 4/11/2016

Fereidoon Shahidi. 'Nueces de árbol'. Composición, fitoquímicos y efectos sobre la salud, Cesarettin Alasalvar, CRC Press, 17/12/2008

A. Lenore Ackerman. 'La microbiota urogenital en las enfermedades del tracto urinario'. Frontiers Media SA, 1/10/2023

Abigail Lois Coughtrie. 'Epidemiología y ecología de las comunidades microbianas del tracto respiratorio superior'. Original mecanografiado, 1/1/2015

Stavros Garantziotis. 'El microbioma en las enfermedades respiratorias'. Principios, herramientas y aplicaciones, Yvonne J. Huang, Springer Nature, 1/1/2022

Connie Chenevert Mobley. 'La prevención en la atención clínica bucodental'. David P. Cappelli, Elsevier Ciencias de la Salud, 26/10/2007

Nezar Al-Hebshi. 'El microbioma humano y el cáncer'. Gary Moran, Frontiers Media SA, 9/3/2020

Roopal V. Kundu. 'Casos Clínicos en Piel de Color'. Trastornos anexiales, inflamatorios, infecciosos y pigmentarios, Porcia B. Love, Springer, 6/11/2015

Theodore A. Sundstrom. 'Razonamiento Matemático'. Writing and Proof, Pearson Prentice Hall, 1/1/2007

Nava Dayan. 'Manual del microbioma de la piel'. De la investigación básica al desarrollo de productos, John Wiley & Sons, 9/1/2020

Yehuda Shoenfeld. 'Mosaico de Autoinmunidad'. Los nuevos factores de las enfermedades autoinmunes, Carlo Perricone, Elsevier, 15/2/2019

W.A. Walker. 'La leche, la inmunidad de las mucosas y el microbioma: Impacto en el Neonato'. P.L. Ogra, Editorial Médica y Científica Karger, 24/4/2020

Paul Travers. 'Inmunobiología de Janeway'. Kenneth Murphy, Grupo Taylor & Francis, 22/06/2010

Amedeo Amedei. 'La interacción del microbioma y la respuesta inmunitaria en la salud y las enfermedades'. Gwendolyn Barcel'o-Coblijn, MDPI, 11/6/2019

Stanley B. Benjamin. 'Enfermedades Gastrointestinales'. Un enfoque endoscópico, Anthony J. DiMarino, SLACK Incorporated, 1/1/2002

Morris Green. 'El papel del tracto gastrointestinal en la administración de nutrientes'. El papel del tracto gastrointestinal en la administración de nutrientes, Academic Press, 12/2/2012

Bernard William Downs. 'Microbioma, Inmunidad, Salud Digestiva y Nutrición'. Epidemiología, Fisiopatología, Prevención y Tratamiento, Debasis Bagchi, Academic Press, 21/7/2022

Shailza Singh. 'Biología de sistemas metagenómicos'. Análisis Integrativo del Microbioma, Springer Nature, 12/7/2020

Sun Kim. 'Tecnología y algoritmos de secuenciación del genoma'. Artech House, 1/1/2008

Marc Paye. 'Manual de Ciencia y Tecnología Cosmética'. André O. Barel, CRC Press, 4/9/2014

Antonio Mendex-Vilas. 'Los microbios en la investigación aplicada'. Avances y retos actuales, World Scientific, 1/1/2012

Bruce Stutz. 'Teorías para todo'. Una historia ilustrada de la ciencia desde la invención de los números hasta la Teoría de Cuerdas, John Langone, National Geographic Books, 1/1/2006

Consejo de Alimentación y Nutrición. 'El microbioma humano, la dieta y la salud'. Resumen del taller, Foro de la Alimentación, National Academies Press, 27/2/2013

Alistair McCleery. 'Introducción a la Historia del Libro'. David Finkelstein, Routledge, 13/3/2006

www.ingramcontent.com/pod-product-compliance
Lightning Source LLC
Chambersburg PA
CBHW050214230526
45470CB00001B/386